竹島《たけしま》
男島《おじま》
(西島《にしじま》)
女島《めじま》
(東島《ひがしじま》)
天然記念物《てんねんきねんぶつ》
オオミズナギドリ繁殖地《はんしょくち》
白島海岸《しらしまかいがん》
ローソク島
オキシャクナゲ
浄土ヶ浦《じょうどがうら》
かぶら杉
トカゲ岩
隠岐《おき》の島町《しまちょう》
岩倉《いわくら》の乳房杉《ちちすぎ》
壇鏡《だんきょう》の滝《たき》
大満寺山《だいまんじさん》
隠岐諸島《おきしょとう》
那久岬《なぐみさき》
オキサンショウウオ
日本海《にほんかい》
クロキヅタ
明屋海岸《あきやかいがん》
国賀海岸《くにがかいがん》
西ノ島町《にしのしまちょう》
海士町《あまちょう》
焼火山《たくひやま》
赤ハゲ山
赤壁《せきへき》
知夫村《ちぶむら》
大田市《おおだし》
美郷町《みさとちょう》
江津市《ごうつし》
川本町《かわもとちょう》
浜田市《はまだし》

令和版

島根の自然は生きている

春の築地松《ついじまつ》（出雲市《いずもし》）

夏の日本海《にほんかい》（浜田市《はまだし》）

秋の八重滝《やえだき》（雲南市《うんなんし》）

冬の大万木山《おおよろぎさん》（飯南町《いいなんちょう》）

力づよい 大地

強い波の力で玄武岩《げんぶがん》をえぐりとった国賀海岸通天橋《くにがかいがんつうてんきょう》（西ノ島町《にしのしまちょう》）

岩の上の子どもが小さく見える巨岩《きょがん》の鬼《おに》の舌震《したぶるい》（奥出雲町《おくいずもちょう》）

三瓶山《さんべさん》からの土石流《どせきりゅう》や火砕流《かさいりゅう》にのまれ約４千年も保存《ほぞん》されていた三瓶小豆原埋没林《さんべあずきはらまいぼつりん》（大田市《おおだし》）

美しい 川と海

たくさんの巨礫《きょれき》がそびえ立つ匹見峡《ひきみきょう》
(益田市《ますだし》)

地震《じしん》によって隆起《りゅうき》した石見畳ヶ浦海岸《いわみたたみがうらかいがん》のノジュール（浜田市《はまだし》）

砂岩泥岩互層《さがんでいがんごそう》のコントラストが美しい須々海《すすみ》海岸（松江市《まつえし》）

美しく広がる石見海浜公園《いわみかいひんこうえん》の海岸線（浜田市）

上流《じょうりゅう》から運ばれてきた真砂土《まさど》が堆積《たいせき》している斐伊川《ひいかわ》の下流域《かりゅういき》（出雲市《いずもし》）

季節《きせつ》により様々《さまざま》な美しさを見せる三瓶山《さんべさん》（大田市《おおだし》）

鉄分《てつぶん》が酸化《さんか》して赤色化《せきしょくか》した溶岩《ようがん》でできた断崖絶壁《だんがいぜっぺき》（知夫村《ちぶむら》）

水にぬれると青緑の色に変化する福光石《ふくみついし》（大田市）

人々の生活の一部となっている高津川《たかつがわ》（益田市《ますだし》）

田んぼでえさを食べるコハクチョウ（安来市《やすぎし》）

多《た》様《よう》な生き物たち

数えきれない数のウミネコ
（出雲市《いずもし》・日御碕《ひのみさき》　経島《ふみしま》）

オスの背中が青く美しいオオルリ（出雲市）

渓流《けいりゅう》にすむカワセミ科最大《さいだい》のヤマセミ（県西部《けんせいぶ》）

ウミネコ

各地で増加《ぞうか》している特定外来種《とくていがいらいしゅ》のひとつ、ソウシチョウ（飯南町《いいなんちょう》）

集団《しゅうだん》で冬を越《こ》すマガン（出雲市《いずもし》）

水源《すいげん》の森に息《いき》づくチュウゴクブチサンショウウオ（雲南市《うんなんし》）

中国山地《ちゅうごくさんち》にすむツキノワグマ（大田市《おおだし》）

里山《さとやま》でよく見られるタカの仲間《なかま》のサシバ（大田市）

冬には県内全域《けんないぜんいき》で観察《かんさつ》できるミヤマホオジロ（雲南市）

厳冬期《げんとうき》に繁殖期《はんしょくき》を迎《むか》えるヒダサンショウウオ（安来市《やすぎし》）

多様な生き物たち

カンアオイ類《るい》を食草《しょくそう》とするギフチョウ（大田市《おおだし》）

ニホンノウサギの隠岐固有亜種《おきこゆうあしゅ》オキノウサギ（隠岐《おき》の島町《しまちょう》）

体長が約 6cm もある水生《すいせい》カメムシ類のタガメ（撮影地不詳《さつえいちふしょう》）

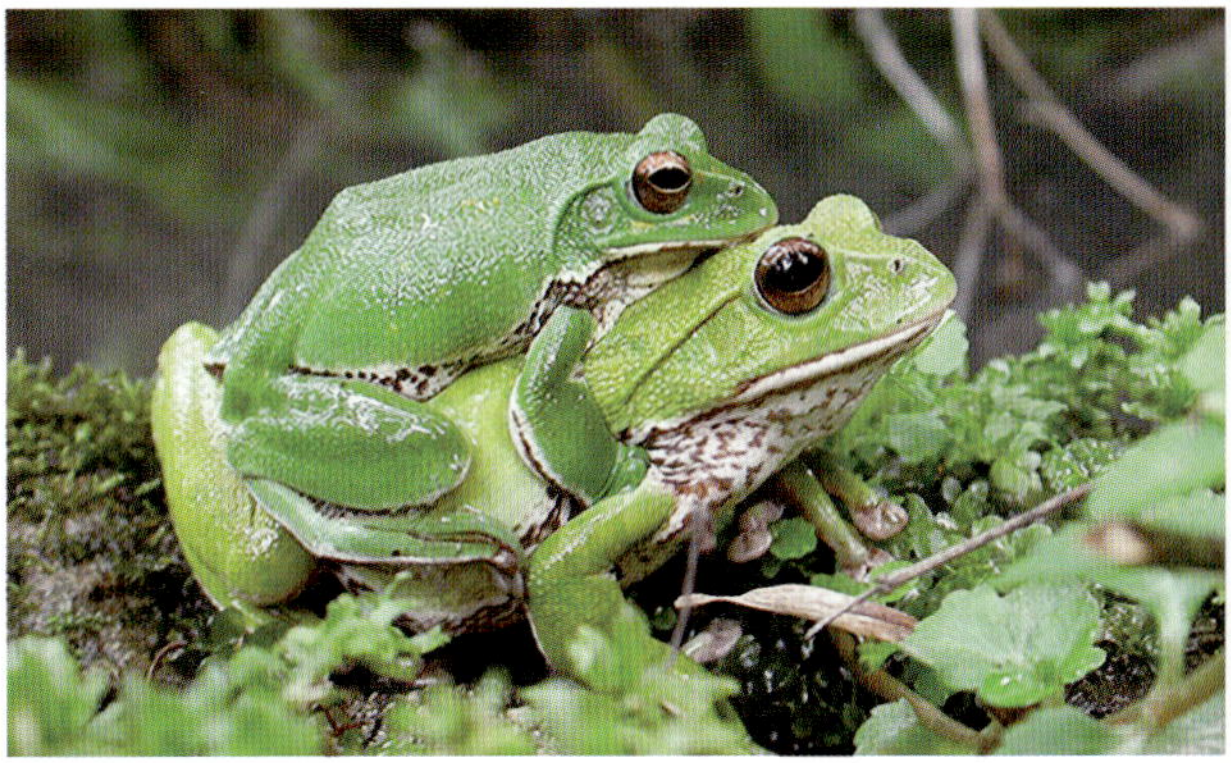

樹《き》の上で生活するモリアオガエル（撮影地不詳）

花の蜜《みつ》を吸《す》うジャコウアゲハ（出雲市《いずもし》）

水田《すいでん》や池に生息《せいそく》するゲンゴロウ（撮影地不詳）

寿命《じゅみょう》が１年ほどしかないシラウオ。数がめっきり減《へ》っている（出雲市《いずもし》）

宍道湖《しんじこ》では成長《せいちょう》するにつれて呼《よ》び名が変わるスズキ（出雲市）

コケのある石周辺でなわばりをつくるアユ（出雲市）

江戸前《えどまえ》では「コハダ」の名で知られているコノシロ（出雲市）

中海《なかうみ》周辺では赤貝《あかがい》と呼ばれているサルボウガイ（松江市《まつえし》）

宍道湖では全国有数《ぜんこくゆうすう》の漁獲量《ぎょかくりょう》があるヤマトシジミ（松江市）

イワナの仲間《なかま》で数が減少《げんしょう》しているゴギ（出雲市《いずもし》）

ごく限《かぎ》られた地域《ちいき》の、石の多い所で生息《せいそく》するイシドジョウ（益田市《ますだし》）

完熟《かんじゅく》したメスにはあざやかな婚姻色《こんいんしょく》が現《あらわ》れるシンジコハゼ（出雲市）

そ上するサクラマスと違《ちが》い、一生上流域《じょうりゅういき》で生息するヤマメ（出雲市

ごく限られた場所に生息しているミナミアカヒレタビラ（出雲市）

流れが速《はや》く石が多い所に生息するイシドンコ（益田市）

緑色の桜の花を咲かせる御衣黄《ぎょいこう》（雲南市《うんなんし》）

「花の島隠岐《おき》」の代表的《だいひょうてき》な花・オキシャクナゲ
（隠岐《おき》の島町《しまちょう》）

湿地《しっち》に咲くサギソウ
（赤名《あかな》湿地・飯南町《いいなんちょう》）

早春《そうしゅん》の山を彩《いろど》るカタクリ（船通山《せんつうざん》）

見上げるほどの巨木《きょぼく》・八百杉《やおすぎ》
高さ約 40m、根本の周囲《しゅうい》約 20m（隠岐の島町）

島根県《しまねけん》の花「ぼたん」（松江市八束町《まつえしやつかちょう》）

巨大《きょだい》な乳根《にゅうこん》が下がっているの乳房杉《ちちすぎ》
高さ約 40m、周囲 16m（隠岐の島町）

自然を守る活動

イズモコバイモ

イズモコバイモを観察《かんさつ》する高山《たかやま》小学校（大田市《おおだし》）の児童《じどう》

オキナグサを植える北三瓶《きたさんべ》小学校（大田市）の児童

オキナグサ

県内の
いろいろな学校が
取り組んでいるんだね

椿油《つばきあぶら》づくりのために椿の種《たね》を集める
布部《ふべ》小学校（安来《やすぎ》市）の児童

ハマボウフウ

ハマボウフウを守る長浜《ながはま》小学校（出雲市《いずもし》）の児童

自然を守る活動

ハッチョウトンボの
オス（上）とメス（下）

稀少《きしょう》なハッチョウトンボの調査活動《ちょうさかつどう》をする浜田《はまだ》高校（浜田市《はまだし》）の生徒《せいと》

コウノトリ

ユウスゲ

ユウスゲを調査、発表する志学《しがく》小学校（大田市《おおだし》）の児童《じどう》

コウノトリを観察《かんさつ》する西《にし》小学校（雲南市《うんなんし》）の児童

高津川《たかつがわ》で生物の調査活動をする吉田《よしだ》小学校（益田市《ますだし》）の児童

森林保全《しんりんほぜん》活動として木を切り出す赤屋《あかや》小学校（安来市《やすぎし》）の児童

モニワホタテ（大森層《おおもりそう》 約1400万年前）（松江市《まつえし》）

世界最古《さいこ》のアユ（松江層 約1100万年前）（松江市）

太古の自然

※写真は、「島根半島《しまねはんとう》・宍道湖《しんじこ》中海《なかうみ》ジオパークの化石パンフレット」より引用《いんよう》

シジミの仲間《なかま》（古浦層《こうらそう》 約2000万年前）（松江市）

二枚貝《にまいがい》のペッカムニシキ（牛切層《うしきりそう》 約1500万年前）（松江市）

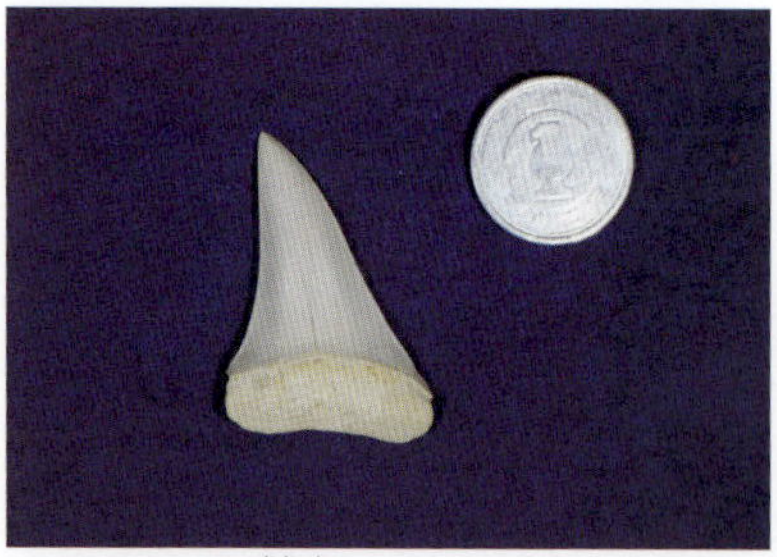

アオザメの仲間《なかま》の歯
（布志名層《ふじなそう》 約1300万年前）（松江市《まつえし》）

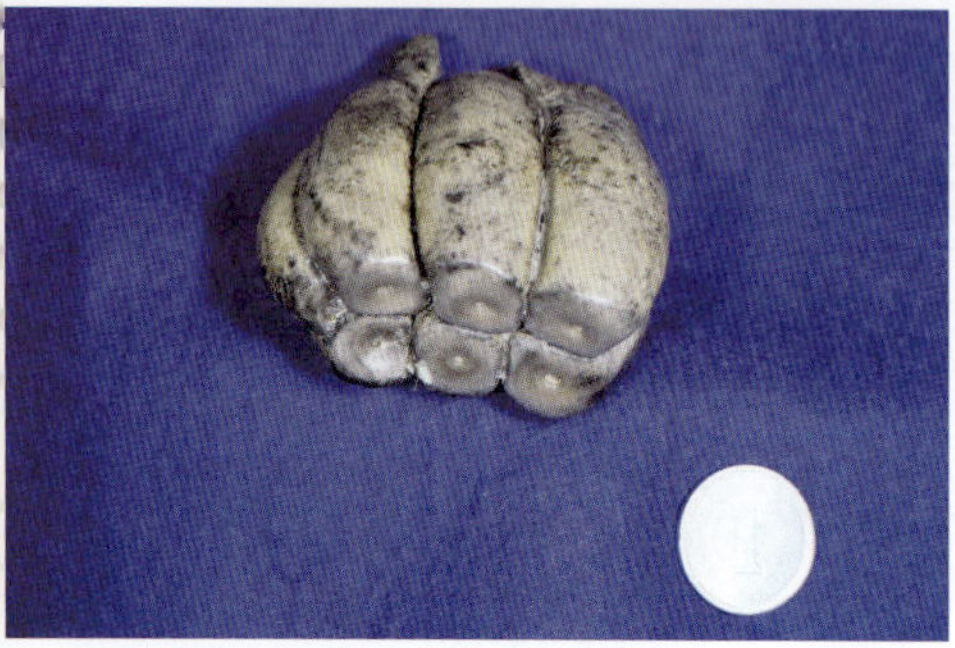

デスモスチルスの歯（布志名層 約1300万年前）
（松江市）

絶滅《ぜつめつ》した大型哺乳類《おおがたほにゅうるい》・デスモスチルスの全身復元骨格標本《ぜんしんふくげんこっかくひょうほん》
（島根県立三瓶自然館《しまねけんりつさんべしぜんかん》サヒメル）

※写真は、「島根半島《しまねはんとう》・宍道湖《しんじこ》中海《なかうみ》ジオパークの化石パンフレット」より引用《いんよう》

ワニの足跡《あしあと》（古浦層《こうらそう》 約1800万年前）（松江市）

ヒゲクジラの右下顎骨《がっこつ》（布志名層 約1300万年前）
（松江市）

美しい景色

山陰《さんいん》で唯一《ゆいいつ》のコウヤマキ自生林《じせいりん》（吉賀町《よしかちょう》）

岩壁《がんぺき》がそそり立つ景勝地《けいしょうち》・立久恵峡《たちくえきょう》（出雲市《いずもし》）

世界遺産《いさん》の石見銀山《いわみぎんざん》の山並《な》み（大田市《おおだし》）

山に水をたくわえるなど大切な役割《やくわり》をするブナ林
（恐羅漢山《おそらかんざん》・益田市《ますだし》）

春や秋に発生《はっせい》する美しい雲海《うんかい》（三瓶山《さんべさん》周辺）

一面に広がる赤ハゲ山の野大根《のだいこん》（知夫村《ちぶむら》）

夕日に映《は》える宍道湖《しんじこ》（松江市《まつえし》）

今も地域《ちいき》で大切に守られている棚田《たなだ》（雲南市《うんなんし》）

はじめに

みなさんは、島根《しまね》の自然をどう感じていますか。島根の自然は、あまりに身近《みぢか》で当たり前の存在《そんざい》として手の届《とど》くところあるわけですが、実はそこには、奇跡的《きせきてき》とも言うべき事象《じしょう》がちりばめられています。

それは、地球《ちきゅう》が誕生《たんじょう》して以来《いらい》、悠久《ゆうきゅう》の時をこえて、これまで島根の人々や大地《だいち》が育《はぐく》んできた「すがた」とも言えます。時に人間は、自分たちが快適《かいてき》な生活を手に入れるために、環境《かんきょう》をこわすことがあります。しかし、自然との折り合いをつけながら生活《せいかつ》していくことができれば、そこにあるものは次の世代《せだい》に残っていきます。一方で、自然自身《じしん》の働《はたら》きかけにより、変化することもあります。まさしく、島根の自然は、生きているのです。

この島根の自然をあるがままに育てていくのは、皆さん一人一人、つまり時代をつくっていく子どもたちと言えます。皆さんがグローバル（世界的）な視点《してん》をもち、島根の自然、いえ、〝宇宙船地球号《うちゅうせんちきゅうごう》〟の自然を愛し、大切につなげていこうとすれば、美しく崇高《すうこう》な地球の自然は、きっと次の世代にもその次の世代にも生き続けることができるのです。

そのグローバルな視点というのは、何も世界中を飛び回ることを指しているのではありません。一つ一つの自然が、地球上にあるもの全てが、個として存在しているのではなく、関係しあって存在していることを知ることです。一人一人がこの視点をもつことは、持続可能《じぞくかのう》な社会をつくりあげるために、必要不可欠《ひつようふかけつ》となります。

皆さんは、植物を大切に育てたのに枯《か》れてしまったり、昆虫《こんちゅう》を大切に育てたのに死んでしまったりすることがあると思います。また、地震《じしん》や水害《すいがい》などの災害《さいがい》に言葉を失うこともあります。しかし、その経験の中で学んだことを生活とのかかわりの中で見つめ直すことで、自然についてより理解《りかい》を深めたり、自然を愛する気持ちが高まったりしていくとしたら、それは、生きる力となって、新しい社会を支える力となるでしょう。そして、情報《じょうほう》を多く集め、批判的《ひはんてき》に、論理的《ろんりてき》に考える力もついてくれれば、それは新しい時代のより確かな力となることでしょう。

この本は、島根の子どもたち一人一人が、そんな未来の島根の自然に向かって、次の行動を起《お》こすきっかけになるよう願いを込めた一冊です。

令和六年九月

島根県小中学校理科教育研究会　会長　新田　紀久

【令和版】島根の自然は生きている　もくじ

松江市《まつえし》から望《のぞ》む宍道湖《しんじこ》

2. 石見《いわみ》の自然をたずねて

〈島根の自然　まめ手帳〉

隠岐郡西ノ島町《おきぐんにしのしまちょう》の摩天崖《まてんがい》

1 出雲《いずも》の自然をたずねて

1 大《だい》根《こん》島《しま》

大地

溶岩《ようがん》がつくった島

松江《まつえ》市《し》八束町《やつかちょう》の中海《なかうみ》にある大根島は、今からおよそ20万年前の寒い気候《きこう》で、今より海水面《かいすいめん》が低かった時代に陸上で噴火《ふんか》した、玄武岩《げんぶがん》溶岩でできた火山島《かざんとう》です。

島の大きさは、東西約3km、南北約2・5km、島の周囲は約12kmです。この島の中央より少し西側に、海《かい》面《めん》からの高さ約42mの大塚山《おおつかやま》があります。この地点が島で一番高い所で、全体《たい》が平らな地形となっています。

大根島と溶岩トンネル

大根島《だいこんしま》の溶岩《ようがん》トンネル

大根島の溶岩トンネルは古くからその存在《そんざい》が知られています。１９３１（昭和《しょうわ》６）年には第一熔岩隧《ようがんずい》道《どう》「幽鬼洞《ゆうきどう》」（指定名称《していめいしょう》「大根島の熔岩隧道」）が、１９３１（昭和10）年には第二熔岩隧道「竜渓洞《りゅうけいどう》」（指定名称「大根島第二熔岩隧道」）が国の天然記念物《てんねんきねんぶつ》に指定されました。

大根島は、島全体が主に玄武岩《げんぶがん》の溶岩からできています。溶岩とは、地下深くでできたマグマという熱くどろどろしたものが、地上に噴《ふ》き出て固まったものです。大根島をつくっている玄武岩の溶岩は、粘《ねば》り気《け》がとても小さいために、川のように流れていきます。

噴火口《ふんかこう》から出たマグマは、急に冷《つめ》たい空気にふれると冷《ひ》えて固まります（図１）。しかし、空気にふれない内部はまだまだどろどろの状態《じょうたい》なので（図２）、表面の固まった皮のように薄《うす》い部分が何かの原因《げんいん》でやぶれると、外に流れ出てしまいます。すると、後は空洞《くうどう》となります（図３）。こうしてできたのが溶岩トンネルです。

溶岩トンネルのでき方

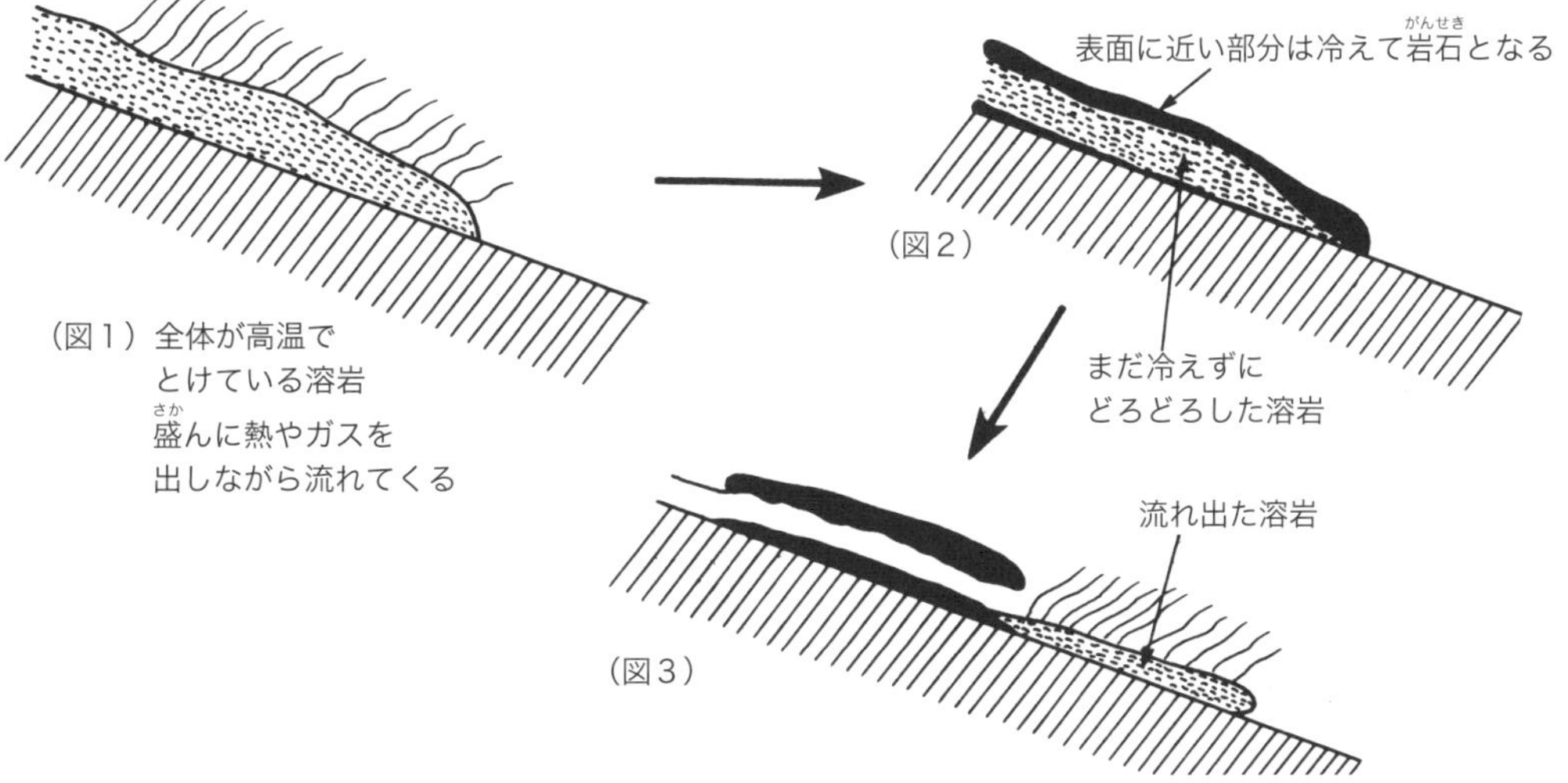

大根島東部《だいこんじまとうぶ》の遅江《おそえ》にある幽鬼洞《ゆうきどう》は、入口付近は広いのですが、中に入ると狭《せま》く、背《せ》をかがめて入らなくてはなりません。旧洞《きゅうどう》と新洞《しんどう》からできていて、旧洞は入り口から左奥《おく》へと輪っか状《じょう》に100m続き、また元の入り口に出てきます。入口は、ガスだまりの広い空洞《くうどう》でしたが、天井《てんじょう》部分にはガスがぬけたことにより崩《くず》れた跡《あと》があります。入口から右方向に進むと新洞に通じています。旧洞内の岩の塊《かたまり》が崩《くず》れて特に狭《せま》くなったところを「背すり」といいます。

竜渓洞《りゅうけいどう》は、大根島の中央付近にあります。「千畳敷《せんじょうじき》」と呼《よ》ばれる北西《ほくせい》～南東《なんとう》にのびた約90mの洞窟《どうくつ》が広がっています。北側に、産屋《うぶや》と呼ばれる枝分《えだわ》かれした小さな部屋のようなところがあります。入ったところは天井までの高さが3m近くあります。右に20mほど進むと、段差《だんさ》があり、その奥にトンネル内に上下に伸《の》びたパイプ状の溶岩《ようがん》の通り道があります。ここは「神溜《かんだま》り」と呼ばれ、下から溶岩が流れ出た火口《かこう》と考えられます。ここでは、溶岩の表面に縄模様《なわもよう》ができている「パホイホイ溶岩（縄状《なわじょう》溶岩）」が観察できます。竜渓洞では、他《ほか》にも溶岩の流れた跡《あと》や、溶岩が流れ去った後に天井から溶岩がしたたり落ちた「つらら石」なども観察《かんさつ》できます。

幽鬼洞は、2001（平成《へいせい》13）年の鳥取県西部地震《とっとりけんせいぶじしん》の時に天

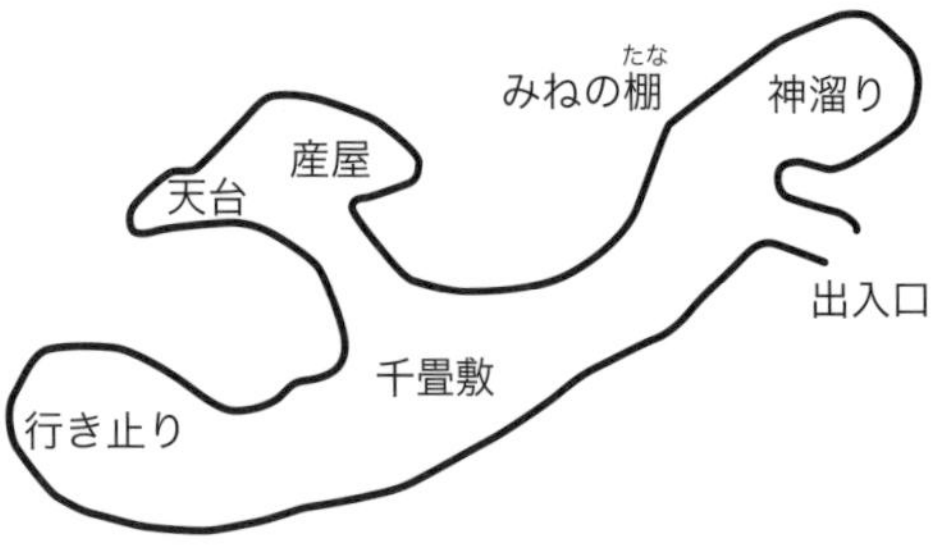

竜渓洞平面図

幽鬼洞平面図

井が崩れ、それからは入ることが禁止《きんし》されています。竜渓洞《りゅうけいどう》については、見学にあたっては、松江市《まつえし》担当課に問い合わせが必要です。

幽鬼洞《ゆうきどう》

竜渓洞入り口

神溜り《かんだま》

大塚山《おおつかやま》のスコリア丘《きゅう》

中央の大塚山は、噴火口《ふんかこう》の一つです。爆発《ばくはつ》的に噴火した溶岩《ようがん》の破片《はへん》から水やガスなどが一気に気化《きか》することで、たくさんの気泡《きほう》をもつ火山弾《かざんだん》となります。火山弾は溶岩の破片で、穴が多くて白いものを軽石《かるいし》、黒く少し重いものをスコリアといいます。大塚山はスコリアからなっており、かつてはこんもりとした小山、スコリア丘《きゅう》でした。現在《げんざい》、山は工事により削《けず》られ、大塚山公園となっています。

淡水《たんすい》レンズと「波入《はにゅう》の湧水《かわ》」

大根島《だいこんしま》には大きな川はありませんが、多くの人が生活し、牡丹《ぼたん》や薬用人参《やくようにんじん》の栽培《さいばい》が盛《さか》んに行われ、水に困ることはありません。１９３９（昭和《しょうわ》14）年に山陰《さんいん》地方は大干《だいかん》ばつに見舞《みま》われましたが、大根島だけはほとんど被害《ひがい》がなかったそうです。これは、大根島の地下に巨大《きょだい》な貯水槽《ちょすいそう》、淡水レンズが存在《そんざい》しているからです。

大根島の地表《ちひょう》は、大山《だいせん》からの火山灰《かざんばい》（11万年前）や三瓶山《さんべさん》からの火山灰（８万年前）で１～２ｍの厚《あつ》さで覆《おお》われています。その下には、何層《なんそう》もの溶岩《ようがん》が積み重《かさ》なっています。溶岩と溶岩の境《さかい》には、直径数センチから拳《こぶし》の大きさの石がはさまれています。また、一般的《いっぱんてき》に溶岩は冷《さ》めるときに割《わ》れ目《め》がよく発達《はったつ》します。大根島に降《ふ》った雨は地表の土や火山性《かざんせい》の堆積物《たいせきぶつ》を通り抜《ぬ》けて、中にしみこんでいきます。そして、気泡《きほう》のたくさんあるスコリアや、溶岩中の割れ目や空洞《くうどう》にたまっていきます。大根島のある中海《なかうみ》は汽水《きすい》（淡水と海水《かいすい》が混《ま》ざった中間の塩分濃度《えんぶんのうど》の水）

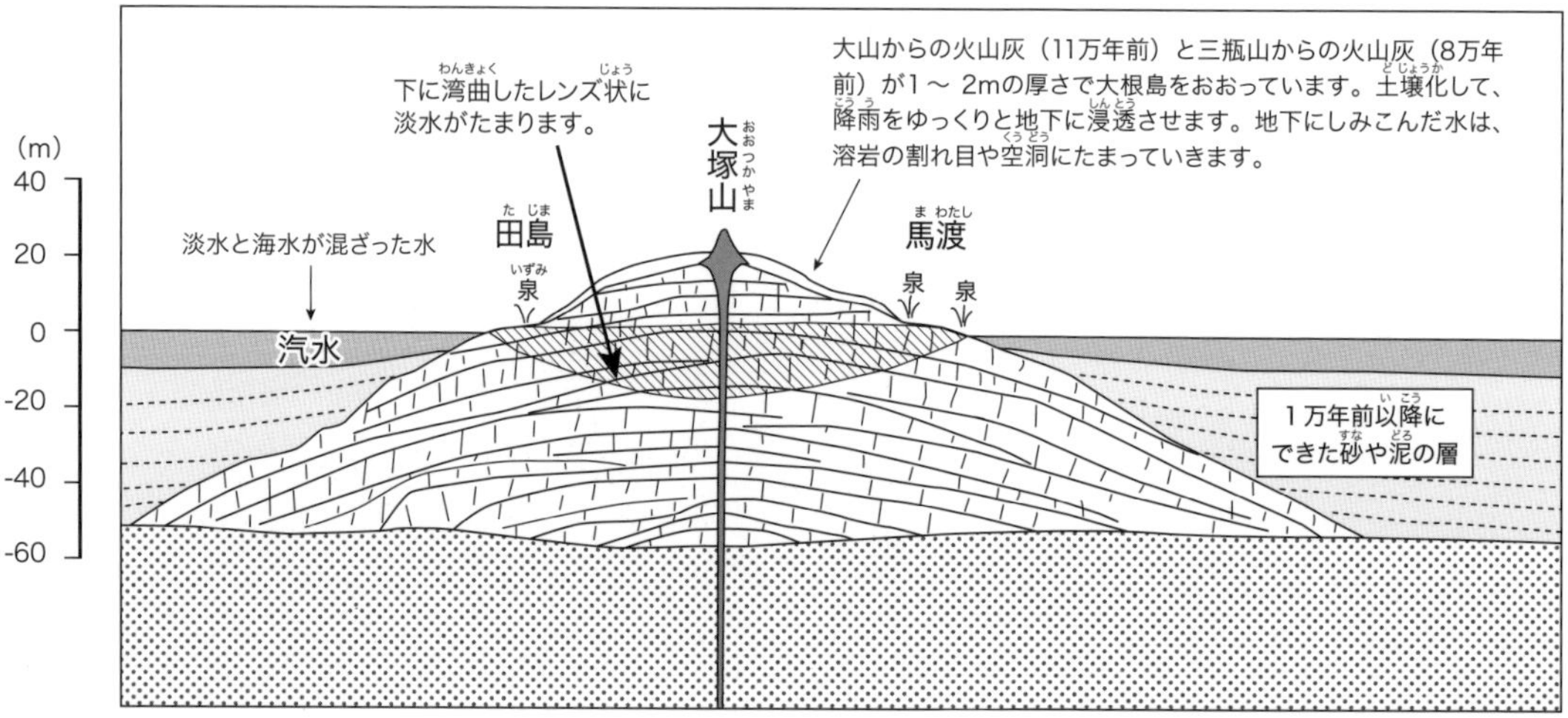

図は徳岡（1998）をもとに加筆変更

大根島の淡水レンズ

で、淡水《たんすい》よりも密度《みつど》が高いため、大根島《だいこんしま》の地下にある淡水を押《お》しこめるはたらきをします。このようにしてできた淡水の層《そう》は、上にやや出っぱり、下に湾曲《わんきょく》した面をもつレンズ状《じょう》になることから、「淡水レンズ」と呼《よ》ばれています。大根島では、淡水の上面は海水面《かいすいめん》より１ｍほど上にあり、淡水レンズの厚《あつ》さは約20ｍになります。淡水レンズの端《はし》では湧水《わきみず》があり、深さ10ｍ近くの池となっているところもあります。

波入《はにゅう》の海岸にある「波入の湧水《かわ》」は、島根県の名水百選《めいすいひゃくせん》にも選ばれています。

くらし

くろぼくとボタン、雲州人参《うんしゅうにんじん》

火山灰《かざんばい》からできた土、くろぼく

火山の噴火《ふんか》によってできた大根島《だいこんしま》の畑は、ほとんどが火山灰からできた土で、黒い色をしています。このような土を「くろぼく」と呼《よ》んでいます。このくろぼくは、火山の噴火によって飛《と》んできた火山灰と植物のくさったものが混《ま》ざり合った養分《ようぶん》のたくさんある土です。また、くろぼくは、すき間がたくさんあるので水はけや水分を保《たも》つのにすぐれた性質《せいしつ》をもっています。ところが、くろぼくでは長い間植物ができにくいとされていました。くろぼくは、リンをよく吸《す》いとる性質があるので、リンの成《せい》分《ぶん》が不足しがちになったからです。このリンの不足は化学肥《かがくひ》料《りょう》で補《おぎな》うことができるようになり、くろぼくでもいろいろな作物《さくもつ》が栽培《さいばい》できるようになりました。

ボタンづくりの島

大根島はボタンの栽培で有名です。ボタンは春から梅雨《つゆ》の時期にかけて、10㎝から20㎝の美しく大きな花を咲《さ》かせます。観賞用《かんしょうよう》に品種改良《ひんしゅかいりょう》が重《かさ》ねられ、大きな花びらはうすく、紅《べに》、白、淡紅《たんこう》、紫《むらさき》、黄色など様々《さまざま》な色のボタンが見られます。

大根島のボタンは、約３００年前、波入《はにゅう》地区の全隆寺《ぜんりゅうじ》の住職《じゅうしょく》が今の静岡県《しずおかけん》から薬用《やくよう》として持ち帰り、境内《けいだい》に植えた

ボタン

のが始まりと伝えられています。その後、しだいに島内の農家に広がり、研究が重《かさ》ねられて新しい品種《ひんしゅ》が作られるようになりました。１９５５（昭和《しょうわ》30）年頃、シャクヤクの苗《なえ》にボタンの芽を継《つ》ぐという新しい技術《ぎじゅつ》が開発されたのをきっかけに、農家の人が全国へボタンの行商《ぎょうしょう》に出るようになりました。やがて、海外へも輸出《ゆしゅつ》されるようになり、大根島《だいこんしま》のボタンは世界に知られるようになりました。

大根島で栽培《さいばい》されている品種は約５００種《しゅ》くらいあり、島根県《しまねけん》の花にも指定《してい》されています。

雲州人参《うんしゅうにんじん》（薬用人参《やくようにんじん》）

ボタンに並《なら》び、雲州人参も大根島のある八束町《やつかちょう》の特産品《とくさんひん》です。高麗人参《こうらいにんじん》が朝鮮半島《ちょうせんはんとう》を通じて日本に伝わりました。大根島では、江戸時代《えどじだい》に松江藩《まつえはん》の財政《ざいせい》を補《おぎな》う事業《じぎょう》として栽培が始まりました。藩《はん》の許《ゆる》しが出て島民が自《みずか》らの畑で栽培ができるようになると、さらに、栽培が盛《さか》んになりました。

植え付けてから6年後に収穫《しゅうかく》する雲州人参は連作《れんさく》を嫌《きら》うため、15年以上置《お》かなければ、同じ畑で作ることのできない作《さく》物《もつ》だそうです。薬用になるのは根の部分です。粉末《ふんまつ》やエキスに加工され、漢方薬《かんぽうやく》や料理に幅《はば》広く取り入れられています。

雲州人参（赤い実）

2 宍道湖《しんじこ》・中海《なかうみ》

大地

宍道湖と中海の誕生《たんじょう》

1 国引《くにび》きの大地（島根半島《しまねはんとう》）

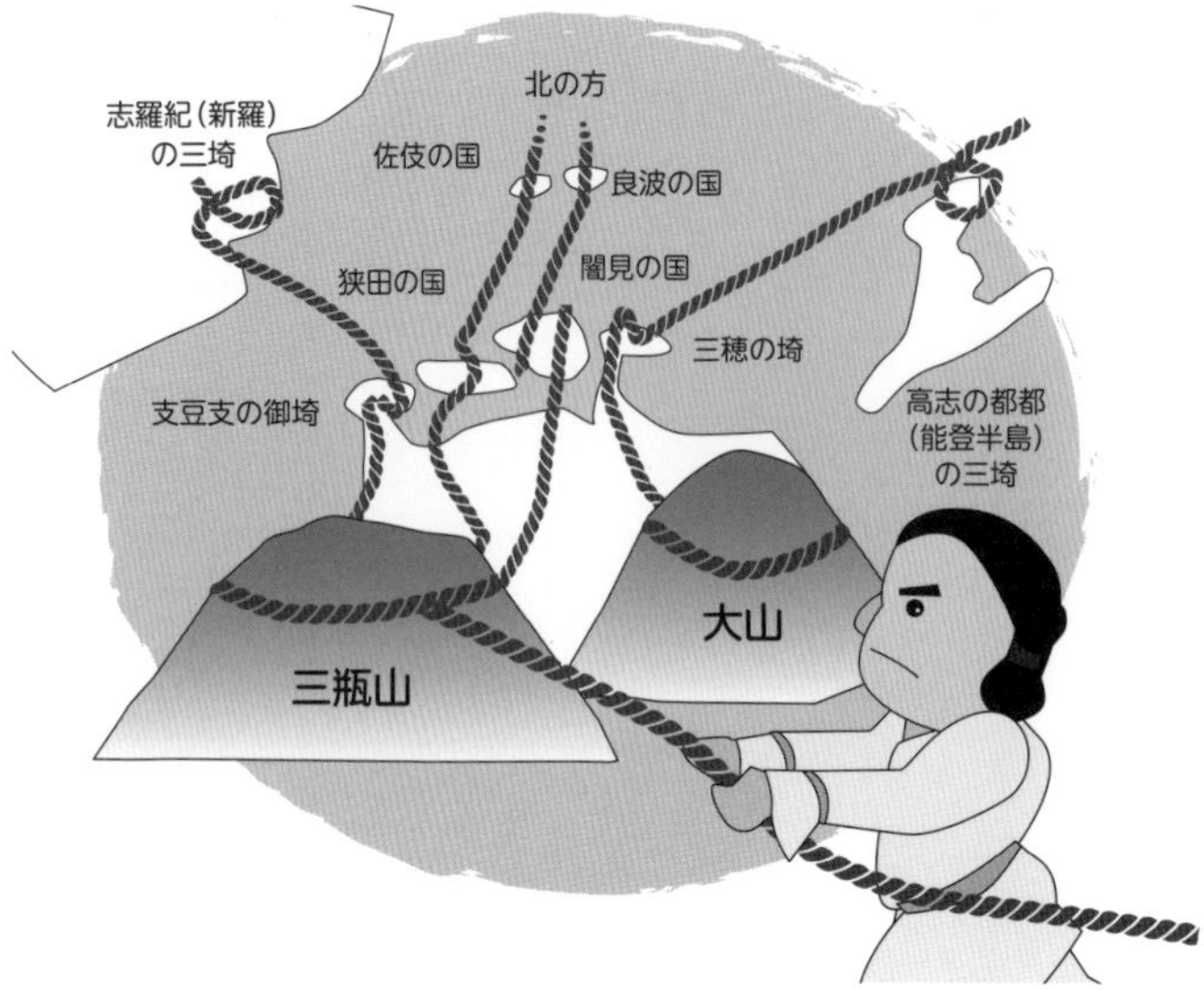

どのようにして島根半島はできたのでしょうか？今から約1300年前に書かれた『出雲国風土記《いずものくにふどき》』には、その初めに「国引神話《くにびきしんわ》」が記《しる》されています。出雲の国が小さかったために、海の向こうにある島を引《ひ》っ張《ぱ》ってきてつなぎとめたという神話です。八束水《やつかみず》臣津野命《おみつののみこと》は「国来《くにこ》、国来《くにこ》」と言って、現在《げんざい》の朝鮮半島《ちょうせんはんとう》や隠岐諸島《おきしょとう》、能登半島《のとはんとう》（北陸《ほくりく》）の余《あま》った土地を4回も引っ張ってきました。そして、国を引っ張った綱《つな》を結《むす》んだ杭《くい》が「三瓶山《さんべさん》」と鳥取県《とっとりけん》の「大山《だいせん》」に、引っ張った綱《つな》が「薗《その》の長浜《ながはま》」と「弓ヶ浜《ゆみがはま》（鳥取県）」になりました。これが有名な『国引神話』の概要《がいよう》です。

出雲《いずも》市《し》大社町《たいしゃちょう》の奉納山公園《ほうのうざんこうえん》から見ると、三瓶山《さんべさん》に向かって長くのびる砂浜《すなはま》の海岸線《かいがんせん》は、まさに八束水臣津野命が引っ張っていた綱《つな》のように見えます。

この神話の舞台《ぶたい》である島根半島《しまねはんとう》は、地殻変動《ちかくへんどう》によってでき、地質学者《ちしつがくしゃ》によって「宍道褶曲帯《しんじしゅうきょくたい》」と呼《よ》ばれています。八束水臣津野命《やつかみずおみつののみこと》が「河船《かわぶね》のもそろもそろ（ゆっくり）に」と大地を綱《つな》で引く様子《ようす》は、現在《げんざい》の「プレートテクニクス」にも似《に》ていて、古代《こだい》の人々《ひとびと》の鋭《するど》い洞察力《どうさつりょく》がうかがえます。

2 国内最大級《さいだいきゅう》の連結汽水湖《れんけつきすいこ》の宍道湖《しんじこ》・中海《なかうみ》の誕生《たんじょう》

地殻変動でできた島根半島は、内海《うちうみ》をつくり出雲平野《いずもへいや》の拡大《かくだい》のもとになりました。そして、それらの過程《かてい》の中で現在の宍道湖・中海が形成《けいせい》されていきました。時代をおってみていきましょう。

約1万年前は、海面《かいめん》が現在よりも30～40m程度《ていど》低く、出雲平野・宍道湖中海低地帯《ていちたい》は陸上で、河川《かせん》が発達《はったつ》していました。しかし、急激《きゅうげき》な温暖化《おんだんか》にともない、海面が急上昇《きゅうじょうしょう》し、約8000～7000年前には島根半島と中国山地《ちゅうごくさんち》は完全に離《はな》れ、現在の大社湾《たいしゃわん》から美保湾《みほわん》までつながる海が形成されました。

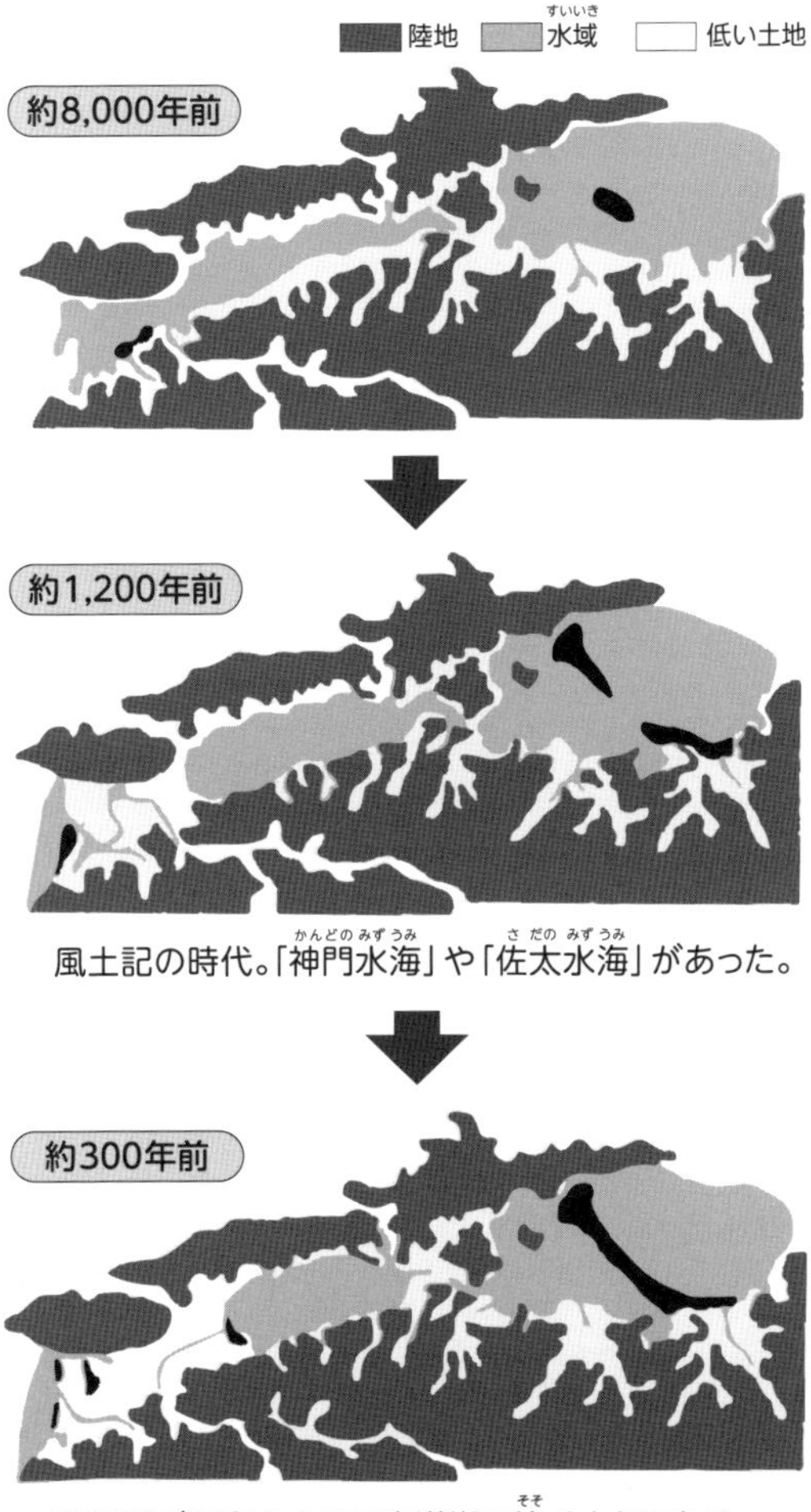

風土記の時代。「神門水海《かんどのみずうみ》」や「佐太水海《さだのみずうみ》」があった。

斐伊川が現在のように宍道湖に注《そそ》ぐようになる。

約6000年前は、今よりも海面が約1m高くなり、その後、海面は徐々《じょじょ》に低下し、斐伊川《ひいかわ》や神戸川《かんどがわ》をはじめとした河川の河口《かこう》に三角州《さんかくす》が形成され、出雲平野が発達してきました。また、出雲市の

「稲佐《いなさ》の浜《はま》」から南の「薗《その》の長浜《ながはま》」を経《へ》て、神西湖《じんざいこ》周辺に続く砂浜《すなはま》と、鳥取県《とっとりけん》の弓ヶ浜《ゆみがはま》によって外海《そとうみ》（日本海《にほんかい》）から隔《へだ》てられていました。

約4000年前には三瓶山《さんべさん》の大規模《だいきぼ》な火山活動《かざんかつどう》による大量《たいりょう》の土砂《どしゃ》が神戸川下流部《かりゅうぶ》に流れ、出雲平野と島根半島《しまねはんとう》がつながり、宍道湖《しんじこ》や中海《なかうみ》が形成されました。また、江戸時代《えどじだい》には中国山地《ちゅうごくさんち》で鉄穴《かんな》流《なが》し（鉄を作るため花崗岩《かこうがん》などの山を切り崩《くず》してたたら製鉄《せいてつ》で使用する砂鉄《さてつ》を得る方法）が盛《さか》んに行われ、大量の土砂が河川から運ばれました。そのため神門水海《かんどのみずうみ》は、神西湖へと変化していきました。また、度々《たびたび》起こった河川の氾濫《はんらん》により、斐伊川《ひいかわ》が宍道湖に注《そそ》ぐようになりました。そのため、宍道湖の塩分《えんぶん》の濃《こ》さは低下し、土砂により湖《みずうみ》の面積が減少《げんしょう》していき、現在《げんざい》の宍道湖の形になりました。

資料

出雲平野（宍道湖西岸《しんじこせいがん》なぎさ公園付近《こうえんふきん》）で掘削《くっさく》されたボーリング試料の中の貝形《かいけい》虫《ちゅう》や底生有孔虫《ていせいゆうこうちゅう》の優占種《ゆうせんしゅ》

＊優占種…生物の集まりの中で、量が多くその集まりの特徴《とくちょう》を代表し決定づける種《しゅ》

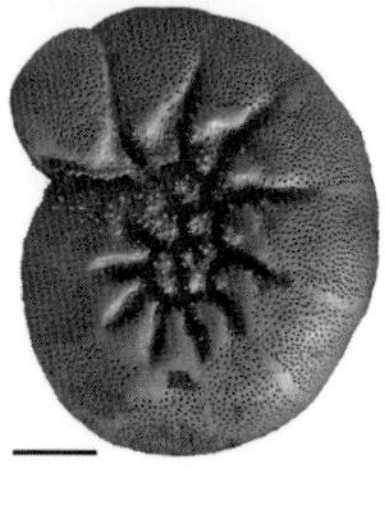

＊━の長さは、いずれも0.1mm

上　貝形虫（微小甲殻類《びしょうこうかくるい》）
:*Bicornucytherebisanensis*

下　有孔虫《ゆうこうちゅう》（原生生物《げんせいせいぶつ》）
:*Ammoniabeccarii*

植物

湖《みずうみ》に生きる藻類《そうるい》

すみかを変えたミル

奈良《なら》時代《じだい》に書かれた『出雲国風土記《いずものくにふどき》』という本があります。風土記とは、全国の地形《ちけい》地質《ちしつ》・地名《ちめい》・産物《さんぶつ》・歴史《れきし》・文化《ぶんか》などを把握《はあく》するため、713年に中央政府《せいふ》から指示《しじ》が出され、各国の国司《こくし》によってつくられた地誌《ちし》です。特に、733年に完成《かんせい》した『出雲国風土記』は内容がほとんど残っている状態《じょうたい》の全国で唯一《ゆいいつ》の風土記です。これは、他《ほか》の風土記と異《こと》なり、中央《ちゅうおう》から派遣《はけん》された国司《こくし》ではなく、在地《ざいち》の郡司《ぐんじ》である出雲国造《いずものくにのみやつこ》が関わっていたため、奈良《なら》時代《じだい》の出雲《いずも》地方《ちほう》の様子《ようす》をくわしく知ることができます。

この『出雲国風土記』の中に、『野代《のしろ》の海《うみ》（宍道湖《しんじこ》）の中に、蚊島《かしま》（嫁ケ島《よめがしま》）あり。～中略～其《そ》の磯《いそ》に螺子《らし》（巻貝《まきがい》）、海松《みる》（海藻《かいそう》）有り。』と書かれています。

ミル

ところが、いまの宍道湖嫁ケ島には、ミル（海松）はまったく生《は》えていません。ミルを探《さが》していくと、大橋川《おおはしがわ》を下り、中海北岸《なかうみほくがん》の本庄辺《ほんじょうあた》りで見つけることができます。ミルが宍道湖から中海へとすみかを変えたのは、どうしてでしょう。

『出雲国風土記』が書かれた頃の宍道湖は、中海のような入海《いりうみ》で、斐伊川《ひいかわ》は宍道湖へは流れず、神西湖《じんざいこ》へ流れていたのです。つまり、その頃の宍道湖嫁ケ島は、今の中海の本庄くらいの塩分《えんぶん》の濃《こ》さ（海水《かいすい》と真水《まみず》の中間）だったと考えられています。

その後、地殻変動《ちかくへんどう》によって、現在《げんざい》のように斐伊川《ひいかわ》が宍道湖《しんじこ》に流れるようになると、宍道湖の海水《かいすい》は斐伊川の水で薄《うす》まり、ミルは生息《せいそく》することができなくなったのです。

現在の中海《なかうみ》と宍道湖に生《は》えている海藻《かいそう》に注目《ちゅうもく》してみると、海から離《はな》れる（宍道湖の西側《にしがわ》）ほど、種類《しゅるい》が減《へ》っていきます。

境水道《さかいすいどう》から中海の入り口までは、外海《そとうみ》（日本海《にほんかい》）の美保湾《みほわん》で見られる海藻の種類とほとんど同じです。塩分《えんぶん》の濃《こ》さが海水の約半分で、波《なみ》も海よりも弱《よわ》い中海では、日本海沿岸《えんがん》でよく見かけるワカメやテングサ、イギス、ウミウチワなどは見られなくなります。

中海に生えている海藻は、スジアオノリ、アナアオサ、ウミトラノオ、カヤモノリ、オゴノリ、カタノリなどです。これらの海藻は、ほとんどが内湾性《ないわんせい》といわれるもので、真水《まみず》が入ってきてもある程《てい》度《ど》たえることのできる海藻です。植物のボタンと雲州人参《うんしゅうにんじん》で有名《ゆうめい》な大根島《だいこんしま》では、昔はオゴノリやウミトラノオなどの海藻を畑の肥料《ひりょう》として使っていました。

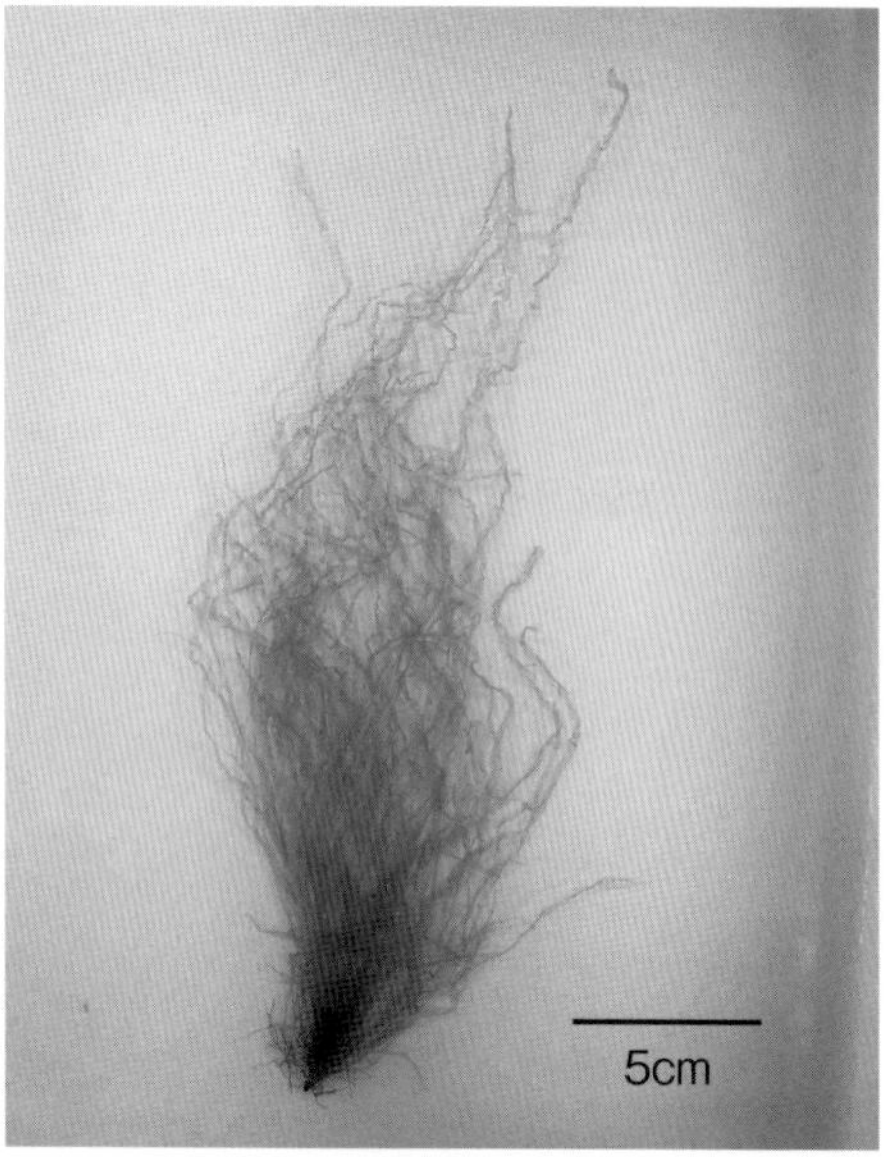

スジアオノリ

オゴノリ

ウミトラノオ

カヤモノリ

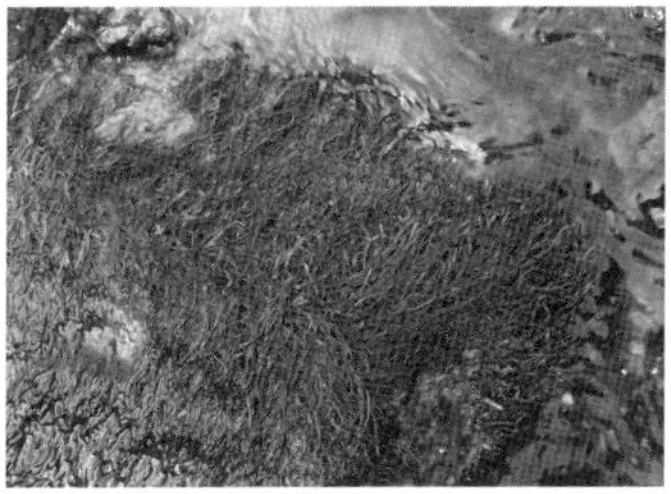
野外のカヤモノリ

宍道湖《しんじこ》では、塩分《えんぶん》の濃《こ》さが海水《かいすい》の1／10くらいになり、ほとんどの海藻《かいそう》は生息《せいそく》できません。宍道湖の西部《せいぶ》と東部《とうぶ》に生息しているのは、イトグサ類、シオグサ類になります。

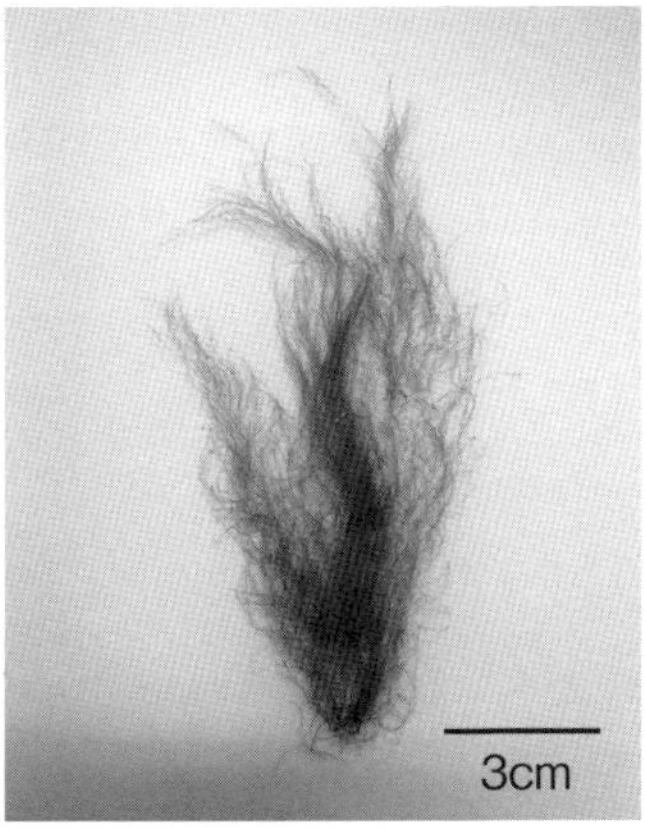

シオグサ類

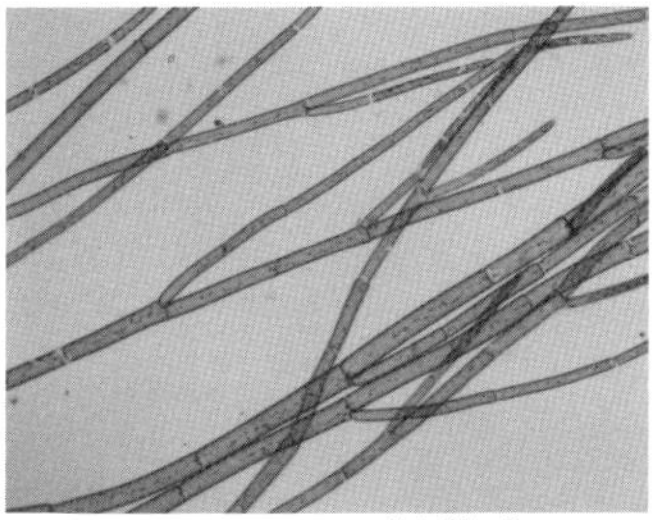
シオグサ類（顕微鏡《けんびきょう》）

塩分にたえて生きるアオミドロ

水田《すいでん》に植《う》えられたイネが青々《あおあお》と目に鮮《あざ》やかになる頃、イネのもとに緑色《みどりいろ》の糸のようなものが、びっしりと生《は》えているのが見られます。これが、真水《まみず》に生きる藻類《そうるい》のアオミドロです。田んぼの中だけでなく、池や沼《ぬま》でもよく見ることができます。

このアオミドロは、宍道湖《しんじこ》の西部《せいぶ》に生息《せいそく》しています。これは、斐伊川《ひいかわ》の流れに運ばれたものが、宍道湖の塩分《えんぶん》にたえて育っていると考えられています。もともとが真水《まみず》で育つものなので、塩分が濃《こ》くなる東部《とうぶ》では見られません。他《ほか》には、オオイシソウやサヤミドロも同じです。

中海《なかうみ》や宍道湖にすみなれた藻類《そうるい》

海水《かいすい》や真水が混《ま》じり合《あ》った塩分を含《ふく》む水が、育つのに最《もっと》も適《てき》しているという種類《しゅるい》もあります。宍道湖湖岸一帯《こがんいったい》に見られる赤みがかった紅藻《こうそう》のホソアヤギヌはその仲間《なかま》です。ホソアヤギヌは、オーストラリア、インド、南アフリカなどの年中温暖《おんだん》な地域に広く分布《ぶんぷ》している藻類で、河口《かこう》に茂《しげ》るマングローブ林《りん》の中の小型《こがた》の植物の茎《くき》などについて育つ、変わった藻類の一つとしてよく知られています。宍道湖では、水ぎわの底《そこ》の小石や棒《ぼう》ぐいなどについて生《は》えています。

ホソアヤギヌ

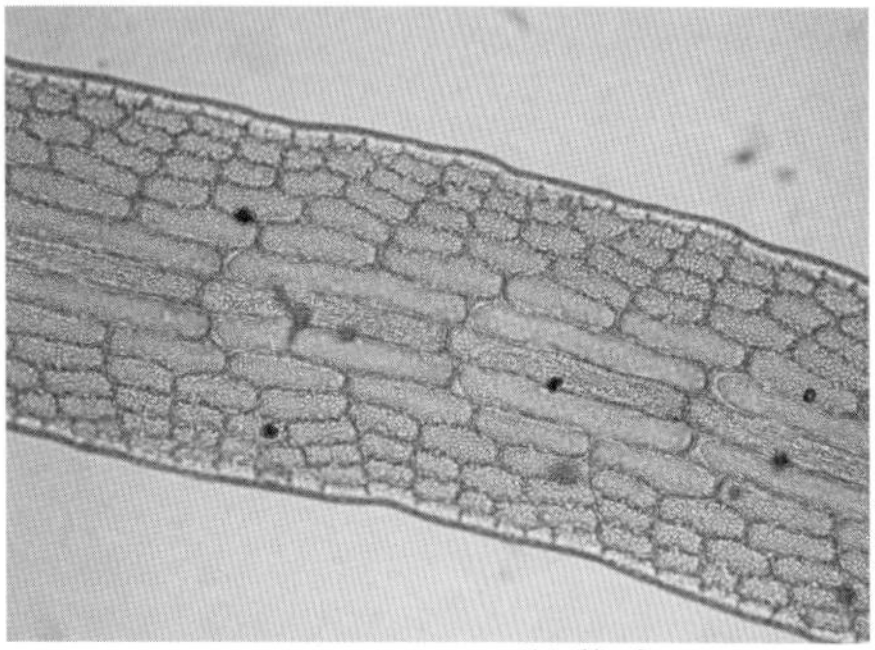
ホソアヤギヌ（顕微鏡《けんびきょう》）

島根県《しまねけん》では、宍道湖と同じように塩分を含んでいる神西湖《じんざいこ》でも、このホソアヤギヌが見つかっています。このほか、中海の水深《すいしん》1mほどの泥《どろ》の上に生えているウミフシナシミドロも、海水と真水の混《ま》じった所に育つとても珍《めずら》しいものです。

湖《みずうみ》の多くは山々《やまやま》に囲《かこ》まれ、静《しず》かで水の動きが少ないですが、宍道湖

①宍道湖の西部《せいぶ》と東部《とうぶ》に生育《せいいく》……イトグサ類、シオグサ類
【わずかな塩分《えんぶん》があれば生きられる藻類（かなり薄《うす》い塩分）】
②宍道湖の東部と中海に生育……カヤモノリ、オゴノリ、アオノリ類
【海水が混《ま》ざる場所だと生きられる藻類（薄い塩分~比較的《ひかくてき》高い塩分）】
③中海にのみ生育……ワカメ、テングサなど海に生息する藻類とほぼ同じ
【塩分の濃《こ》さが高くないと生きられない藻類（比較的高い塩分~海水）】

には、斐伊川《ひいかわ》をはじめとして数多くの川からたえず真水《まみず》が流れ込んでいます。この水は、大橋川《おおはしがわ》から中海《なかうみ》へと流れ、さらに日本海《にほんかい》へと続いています。

宍道湖《しんじこ》では、年に3回もその水が入《い》れかわるといわれています。しかも、宍道湖や中海には、潮《しお》の満《み》ち引《ひ》きによって海水《かいすい》が底《そこ》に流れて入っています。

このために、宍道湖や中海に生《は》える藻類《そうるい》は、海に生息《せいそく》するものや真水に生息するものなど様々《さまざま》で、生える場所も違《ちが》っています。

水の華《はな》と赤潮《あかしお》

夏から秋にかけて、宍道湖の水面《すいめん》に緑色の粒《つぶ》のようなものが、ぷかぷかとういていることがあります。これは、「水の華《はな》」とか「アオコ」とよばれるものです。この正体《しょうたい》は、異常《いじょう》に多く発生《はっせい》した植物プランクトン（主《おも》に

宍道湖に発生したアオコ

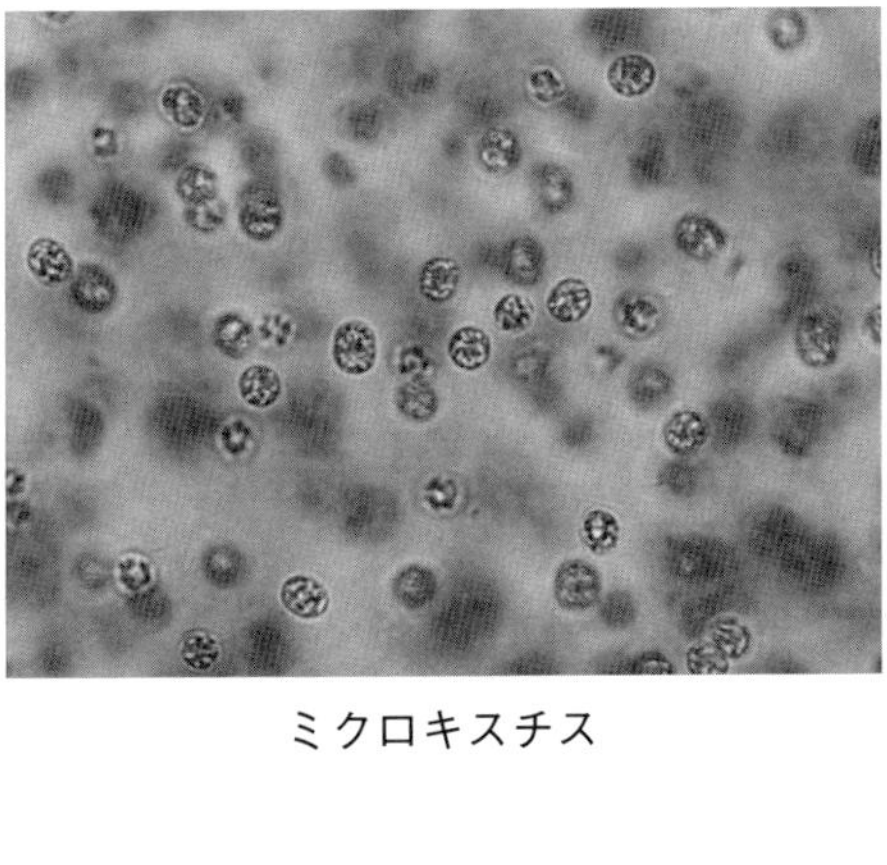
ミクロキスチス

ミクロキスチス）が集まったものです。このプランクトンは、真水《まみず》に生息《せいそく》するものなので、海水《かいすい》が入って塩分《えんぶん》が濃《こ》くなると「水の華《はな》」は見られなくなります。また、海水の流入《りゅうにゅう》が多い年は、湖内《こない》の栄養塩《えいようえん》がより薄《うす》まり、その結果《けっか》として植物プランクトンの数が減《へ》り、水の透明度《とうめいど》が向上《こうじょう》するため、藻場《もば》が発達《はったつ》することが明《あき》らかとなっています。

中海《なかうみ》や日本海沿岸《にほんかいえんがん》に起こる赤潮《あかしお》は、スケレトネマやプロロケントルム・ミニマムというプランクトンが増《ふ》えて水の色が赤く見えることから名付《なづ》けられました。水の華や赤潮の発生《はっせい》は、酸素不足《さんそぶそく》を起こしたり、魚のえらに入りこんだりして、魚類《ぎょるい》に被害《ひがい》を出すことがあります。

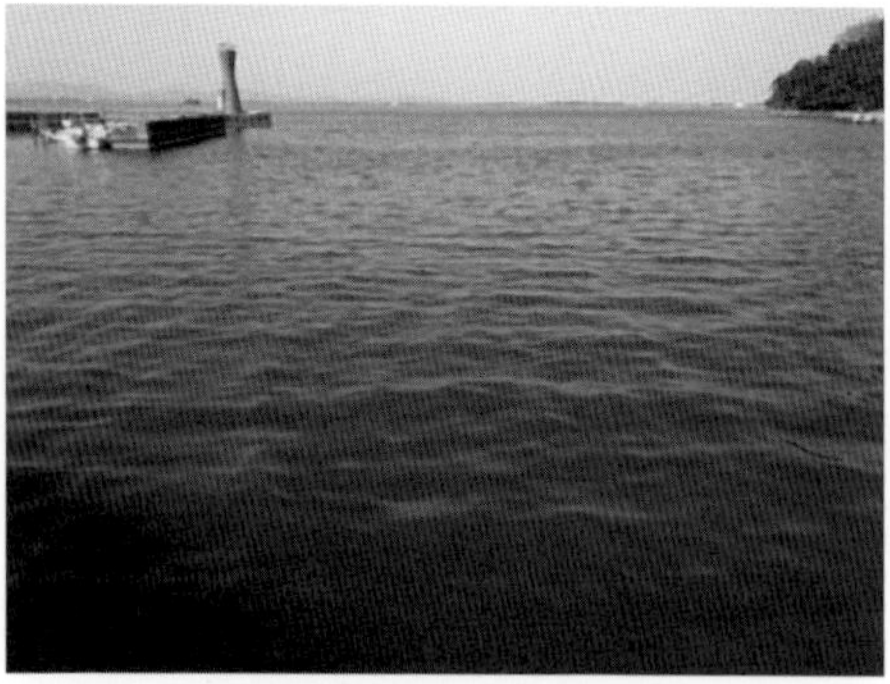

中海に発生した赤潮

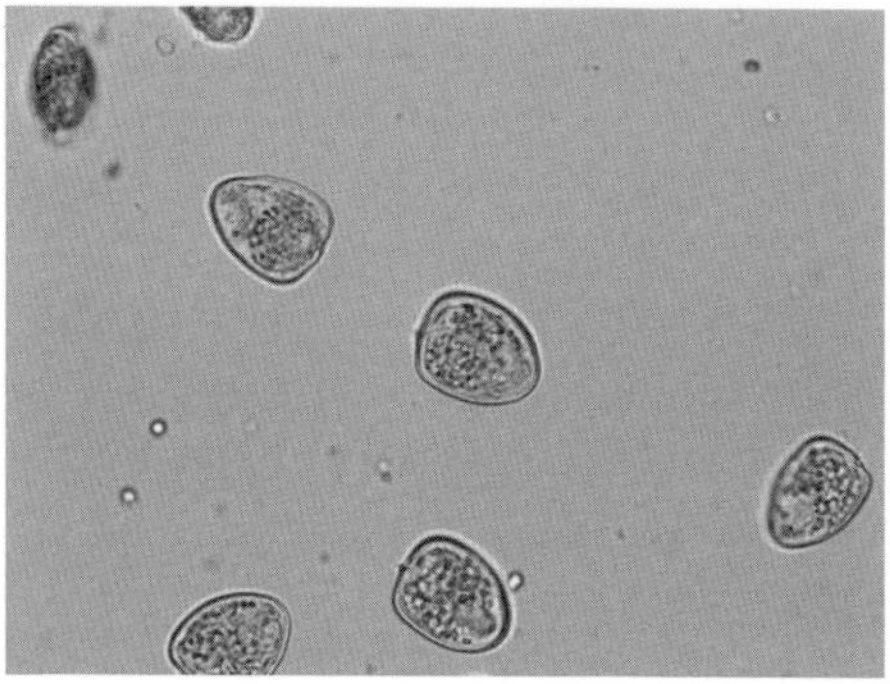

プロロケントルム・ミニマム

中海にみられる藻場の垂直《すいちょく》分布《ぶんぷ》

中海は、農業《のうぎょう》や工業《こうぎょう》、生活排水《せいかつはいすい》や雨水《あまみず》の流入により水質汚濁《すいしつおだく》が進んでいることが知られています。これは、水中に含《ふく》まれる栄養となる成分が増えすぎてしまったため、水中の汚濁物質《おだくぶっしつ》が多いことが調査《ちょうさ》からわかっています。中海において、藻場は水深《すいしん》０～２ｍの浅《あさ》い所《ところ》でよく発達しています。水深３ｍより深い所では極端《きょくたん》に数が少なくなり、水深４ｍでは全《まった》く見られなくなります。したがって、中海の生育限界水深《せいいくげんかいすいしん》は２～３ｍであると考えられています。

まめ手帳

島根県《しまねけん》で見つかった珍《ちん》獣《じゅう》

デスモスチルス

出雲市上塩冶町《いずもしかみえんやちょう》の布志名層《ふじなそう》から、約1500万年前に生息《せいそく》していたといわれる水陸両生《すいりくりょうせい》の珍獣「デスモスチルス（ホニュウ類《るい》・束柱目《そくちゅうもく》）」の化石が見つかっています。デスモスチルスは、バクのすがたに似《に》た動物で海岸近《かいがんちか》くを泳《およ》いだり、陸上にも上がったりしたようです。

歯は円柱《えんちゅう》をたばねたような形で大きな頭とがんじょうな四本足を持つ、海生《かいせい》・草食性《そうしょくせい》の絶滅《ぜつめつ》した動物です。

パレオパラドキシア

1980年3月、松江市玉湯町《まつえしたまゆちょう》の来待石採石場《きまちいしさいせきじょう》から、キバのあるきみょうな動物の化石が発見《はっけん》されました。当時の島根大学理学部地質学教室《しまねだいがくりがくぶちしつがくきょうしつ》で研究した結果、それは今から1300万年前に絶滅《ぜつめつ》した「パレオパラドキシア（哺《ほ》乳類《にゅうるい》・束柱目《そくちゅうもく》）」という哺乳動物の左下のあごの骨であることがわかりました。

束柱類の化石はこれまでに、北アメリカ西岸からカムチャッカ、サハリン、さらに日本列島中北部《にほんれっとうちゅうほくぶ》にかけての北太平洋沿岸域《きたたいへいようえんがんいき》の漸新世後期《ぜんしんせいこうき》から中新世《ちゅうしんせい》中頃（約2800万～1300万年前）の地層《ちそう》から発見されています。宍道湖《しんじこ》周辺地域は、その分布地《ぶんぷち》の中では、ほぼ南西の端《はし》にあたります。

束柱類は、ややふくらんだ円柱を束《たば》ねたような臼歯《きゅうし》を持っているのが特徴《とくちょう》で、デスモスチルスの臼歯の形に典型的《てんけいてき》にみられます。パレオパラドキシアの臼歯は、小型でやや原始的《げんしてき》ですが、同様《どうよう》の特徴が認《みと》められます。現生《げんせい》の哺乳類には、このような臼歯を持ったものがいないため、生態《せいたい》や分類《ぶんるい》・系統的《けいとうてき》な位置もいまだ不明とされてきました。パレオパラドキシアとは『古《ふる》くて矛盾《むじゅん》だらけのもの』という意味《いみ》ですが、まさに最《もっと》も謎《なぞ》に満《み》ちた古生物《こせいぶつ》の一つといえます。

デスモスチルスの歯の化石
（島根大学総合理工学部地球科学科）

パレオパラドキシアの全身骨格《こっかく》のレプリカ
（島根大学総合博物館）

動物

湖《みずうみ》に生きる魚たち

川の魚と海の魚が入《い》り混《ま》じる湖

松江《まつえ》の人たちは、宍道湖《しんじこ》にすむ魚たちの中から、特においしいものとして七つを選び、「宍道湖七《しっ》珍《ちん》」として古くから親しんできました。そして、それらの生物の頭文字《かしらもじ》をとって、「スモウアシコシ」と呼《よ》んでいます。それは、スズキ・ヨシエビ（地方名《ちほうめい》：モロゲエビ）・ニホンウナギ（ウナギ）・ワカサギ（地方名：アマサギ）・シラウオ・コイ・ヤマトシジミ（シジミ）です。

現在《げんざい》、宍道湖では、この七珍を含めて、川や池にすむ魚、海にすむ魚が約１００種類《しゅるい》を超えて確認されています。

宍道湖と中海《なかうみ》を行き来する魚の代表ワカサギ

真水《まみず》にすむ魚の代表フナ類

また、河口《かこう》の辺《あた》りではタイコウチやオタマジャクシなども見られ、とてもにぎやかな湖です。ふだんは池や川にすんでいる魚（フナ類《るい》など）をねらって釣《つ》りをしていると、ボラやマハゼ、ときには海に生息《せいそく》しているクロダイなどが釣《つ》れることがあります。

このように、宍道湖で川や

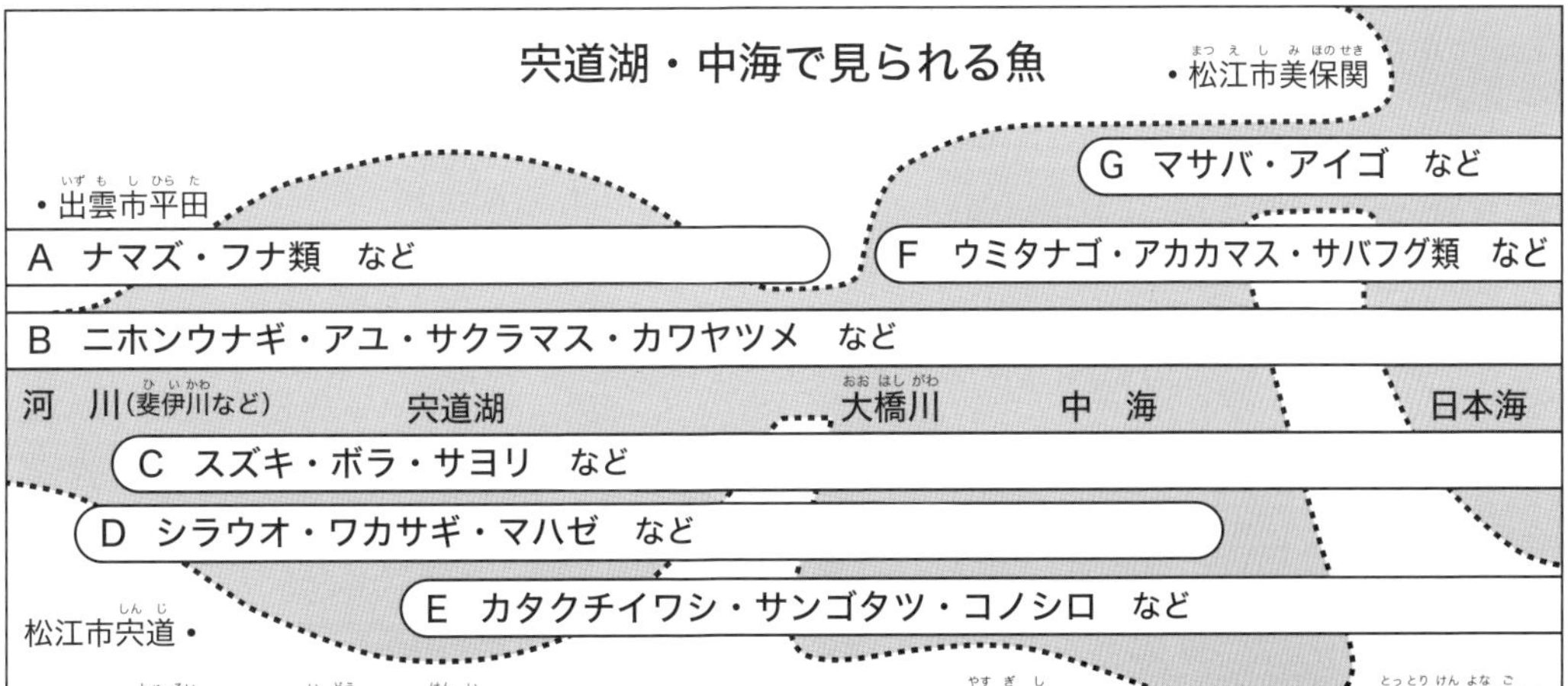

魚の種類《しゅるい》ごとに移動《いどう》する範囲《はんい》がちがいます。

池にすむ生き物と海にすむ生き物が一緒《いっしょ》に見られるのはどうしてでしょう。

それは、宍道湖《しんじこ》は中海《なかうみ》をはさんで日本海《にほんかい》と通《つう》じる湖《みずうみ》だからです。海とつながっているために、斐伊川《ひいかわ》などから流《なが》れこんだ淡水《たんすい》（真水《まみず》）が、宍道湖では中海から入る海水《かいすい》と混《ま》じり合《あ》って、舌《した》では塩《しお》からいと感じないくらいの塩分《えんぶん》を含《ふく》む水になっているからです。

宍道湖の魚の顔《かお》ぶれは季節《きせつ》によっても大きく違《ちが》ってきます。上の図《ず》でCのスズキやボラは、主《おも》に春から秋に宍道湖にやってきて、冬には中海から日本海にもどっていきます。Bのアユは、幼魚《ようぎょ》の時期《じき》を中海や日本海で過《す》ごし、夏前《なつまえ》に川を上るために、春に宍道湖に姿《すがた》を現《あらわ》します。Eのカタクチイワシなどは、ふだんは日本海沿岸《えんがん》にいますが、夏から秋にかけて宍道湖まで入ってきます。

それに対《たい》して、Aのフナ類《るい》のように、一年中《いちねんじゅう》、宍道湖で生活するものもあれば、FのウミタナゴやGのマサバのように、日本海から中海までしか入ってこないタイプの魚もいるのです。

宍道湖には川や池にすむフナ類がすんでいるのに、なぜ中海にはいないのでしょうか。また、宍道湖にはヤマトシジミがたくさんいるのに中海《なかうみ》にいないのはどうしてでしょうか。

それは、宍道湖《しんじこ》と中海の塩分《えんぶん》の濃《こ》さを比《くら》べてみるとわかります。宍道湖の水は塩《しお》からくない（海水《かいすい》の１／10程度《ていど》の濃《こ》さ）のに、中海のほうは、塩からい（海水の１／２程度の濃さ）です。したがって、塩分のうすい宍道湖では、川や真水《まみず》の池にすむ魚やエビなどがすめても、海の魚が長い間すむのは難《むずか》しいのです。

中海に海の沖合《おきあい》から、サメやトビウオが入りこむことがあっても、反対に、宍道湖や川から真水にすむ生き物がやってきてすむには、中海の水はあまりにも塩からすぎるのです。

このように、塩分の濃さの違《ちが》いが二つの湖《みずうみ》にすむ魚や貝《かい》の種類《しゅるい》をわけているのです。二つの湖にすむ魚《さかな》や貝《かい》の種類を比べてみると、それぞれが好《この》む塩分の濃さがわかります。

珍《めずら》しい魚たち

カワヤツメは、本物《ほんもの》の目とその後《うし》ろに並《なら》ぶ七つの丸いエラ穴《あな》を合わせて、「八《や》ツ目《め》」と呼《よ》ばれています。ふつうの魚と違って、一番原始的《げんしてき》な魚で、あごがなく、吸盤《きゅうばん》のよう

表　宍道湖と中海の代表的な魚介類《ぎょかいるい》（**太字**は淡水性《たんすいせい》）

宍道湖	宍道湖と中海	中　海
ワカサギ（アマサギ）	コノシロ	サッパ（ママカリ）
シラウオ	アカエイ	ヒイラギ（エノハ）
シンジコハゼ	クロダイ（チヌ）	サヨリ（ヨドゴ）
コイ	カワヤツメ	ウミタナゴ
ギンブナ	ニホンウナギ（ウナギ）	ビリンゴ（メゴズ）
ワタカ	ニホンイトヨ	ギンポ（ナキリ）
スジエビ	ボラ	ヨシエビ（モロゲ）
テナガエビ	スズキ	タイワンガザミ
ヤマトシジミ（シジミ）	マハゼ（ゴズ）	アサリ

（　　）は地方名

カワヤツメ

ニホンイトヨ

な口で他《ほか》の魚のわき腹《ばら》に吸《す》いついて、肉《にく》を削《けず》りとって食べます。

ニホンイトヨは、ふだんは海にすんでいますが、春先《はるさき》に宍道湖《しんじこ》や中海《なかうみ》沿岸《えんがん》に姿《すがた》を現《あらわ》します。やがて、産卵《さんらん》のために近くの川をさかのぼり、そのときに、オスは川底にすりばちのような巣をつくってからメスを呼《よ》びます。メスの産《う》んだ卵《たまご》と孵化《ふか》した稚魚《ちぎょ》をオスが熱心に守ります。

シンジコハゼは、昭和末《しょうわまつ》に発見されました。早春《そうしゅん》に産卵期《さんらんき》をむかえると、成熟《せいじゅく》したメスには黒色と黄色の横《よこ》じまがあざやかな婚姻色《こんいんしょく》が現れます。主《おも》に宍道湖西部《せいぶ》の湖岸《こがん》や、中海南部《なんぶ》の用水路《ようすいろ》などに生息《せいそく》しています。

サンゴタツは、タツノオトシゴとよく似《に》ていますが、頭の上の突起物《とっきぶつ》はあまり飛び出していません。管《くだ》のような形をした口で、小型のプランクトンなどを食べます。沿岸や内湾《ないわん》の藻類《そうるい》が生《お》い茂《しげ》る場所《ばしょ》などに暮《く》らし、尾《お》を使《つか》って物《もの》に巻《ま》きつきます。メスはオスの腹部《ふくぶ》の袋《ふくろ》に卵を産み、オスの腹部から稚魚《ちぎょ》が出てきます。中海で見られ、宍道湖にも水の流れにのって入ってくることがあります。

宍道湖・中海の生き物は島根県立宍道湖自然館《しまねけんりつしんじこしぜんかん》ゴビウスで観察できます。

くらし

宍道湖《しんじこ》・中海《なかうみ》の漁業《ぎょぎょう》

宍道湖でとれるものといえば、まっ先に挙《あ》げられるのがヤマトシジミです。塩分《えんぶん》のうすい汽水《きすい》にすむシジミで、宍道湖を代表《だいひょう》する二枚貝《にまいがい》です。生息環境《せいそくかんきょう》によって黄色から黒色まで殻《から》の色は様々《さまざま》です。

サンゴタツ

シンジコハゼ

まめ手帳

島根《しまね》県立《けんりつ》宍道湖《しんじこ》自然館《しぜんかん》ゴビウス

ゴビウスには日本有数《ゆうすう》の汽水湖《きすいこ》である宍道湖・中海《なかうみ》をはじめ島根の河川《かせん》に生息《せいそく》する生きものが飼育《しいく》・展示《てんじ》されています。愛称《あいしょう》の「ゴビウス」はハゼなど小さな魚を表《あら》わすラテン語です。宍道湖・中海でおなじみのマハゼなど多種多様《たしゅたよう》なハゼも展示されています。

宍道湖グリーンパーク

ゴビウスのとなり、より宍道湖に近い場所には、宍道湖グリーンパークがあります。宍道湖が一望《いちぼう》できる「野鳥観察舎《かんさつしゃ》」には望遠鏡《ぼうえんきょう》が常備《じょうび》されていて、湖面《こめん》や岸辺《きしべ》の野鳥を観察することができます。

写真提供《ていきょう》:公益財団法人《こうえきざいだんほうじん》ホシザキグリーン財団《ざいだん》

砂《すな》にもぐって暮《く》らし、植物プランクトンなどを水と一緒《いっしょ》にとり込《こ》んで食べています。シジミ漁《りょう》は「ジョレン」と呼《よ》ばれるグラスファイバー製の棒《ぼう》の先に金網《かなあみ》のかごをとりつけた道具で、砂と一緒にかいてとります。宍道湖《しんじこ》のヤマトシジミの漁獲量《ぎょかくりょう》は日本一（２０２２年）で、全国の漁獲量の5割《わり》を超《こ》えるほどです。神西湖《じんざいこ》、神戸川《かんどがわ》の下流域《かりゅういき》、大橋川《おおはしがわ》や中海《なかうみ》の流入河川《りゅうにゅうかせん》の河口付近《かこうふきん》でも漁獲されている宍道湖七珍《しっちん》の一つです。

宍道湖や中海の沿岸《えんがん》には、湖《みずうみ》に棒がたくさん立ててあるのをよく見かけます。これは、「ます網《あみ》（定置網《ていちあみ》）」という漁法《ぎょほう》です。棒をたくさん立てたところに長いたて網を張《は》り、そのたて網に沿《そ》ってワカサギなどの魚が移動《いどう》し、出口のない袋《ふくろ》のような網の中に入るしかけになっています。ただし、網を張ることができるのは漁《りょう》が解禁《かいきん》されている秋から冬にかけてのみです。

その他《ほか》にも、雑木《ぞうき》のたばをしずめて、エビやウナギなどが入るのを待つ漁法である「だば漬《づけ》」や、網を張って、そこに魚を追《お》いこみ網にかける「さし網」、エサを入れたカゴを沈《しず》めてワナをつくる「筌《うけ》」などの漁法《ぎょほう》があります。

シジミ漁

シジミ漁に用いるジョレン

だば漬

3 島《しま》根《ね》半《はん》島《とう》

島根半島・宍道湖《しんじこ》中海《なかうみ》ジオパーク

ジオパークとは、「地球・大地（ジオ）」と「公園（パーク）」を組み合わせた言葉で、「大地の公園」を意味しています。地域《ちいき》のほこれる自然をジオパークとして認定《にんてい》し、その地域の自然を保護《ほご》しながら活用することを目的にしています。岩石《がんせき》や地層《ちそう》はもちろん、生き物、歴史文化、食べ物など、地球（ジオ）を丸ごと学び、楽しむことができる場所をいいます。

２０２４年6月現在《げんざい》、日本国内には46地域にジオパークがあり、島根県の「島根半島・宍道湖中海ジオパーク」は、２０１７年12月に日本ジオパークに認定されました。

島根半島・宍道湖中海ジオパークは、三つのエリアに分かれています。

島根半島・宍道湖中海ジオパークは、日本海《にほんかい》ができた時代に大きな大地の動きが起こった地域です。この島根半島が天然《てんねん》の防波堤《ぼうはてい》になったおかげで、島根半島《しまねはんとう》と中国山地《ちゅうごくさんち》の間に

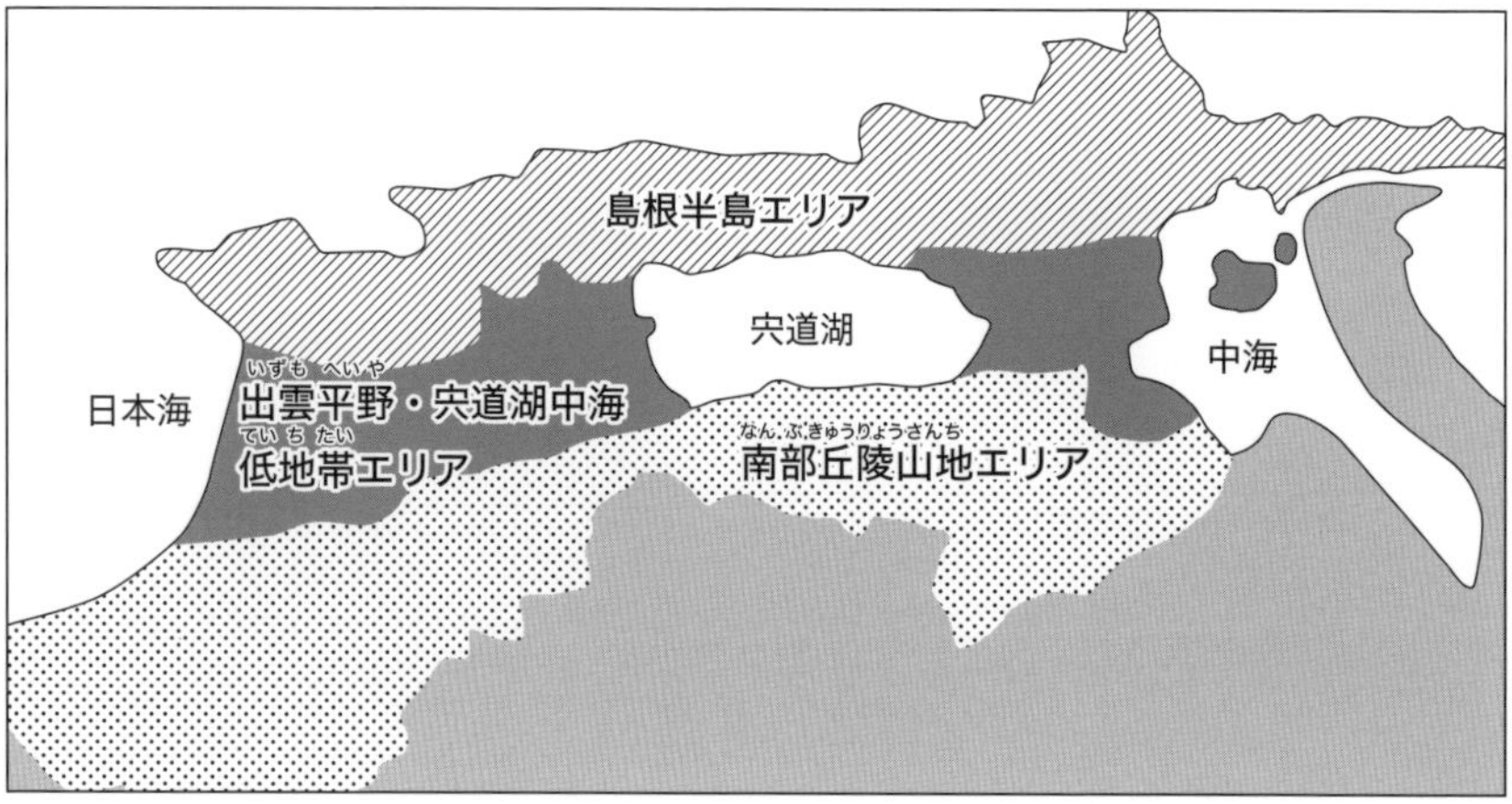

豊《ゆた》かな広い平野《へいや》と宍道湖《しんじこ》、中海《なかうみ》ができ、豊富《ほうふ》な鉱物資源《こうぶつしげん》に恵《めぐ》まれた「古代出雲文化《こだいいずもぶんか》」が誕生《たんじょう》したのです。

このような貴重《きちょう》な空間《くうかん》にタイムスリップして楽しめるのが、島根半島・宍道湖中海ジオパークなのです。

大地

波がつくった美しい海岸《かいがん》

「洗濯岩」と呼ばれるしま模様の海岸（大芦《おわし》・須々海海岸《すすみかいがん》）

「しま模様《もよう》」の海岸

松江市島根町《まつえししまねちょう》の周《まわ》りの海岸には「洗濯岩《せんたくいわ》」と呼《よ》ばれる美しい場所があります。大芦《おわし》の町を抜《ぬ》けて海沿《うみぞ》いの道路《どうろ》を少し上《のぼ》っていくと、ガードレールの下に、きれいな「しま模様」が広がっているのが見えてきます。これが「洗濯岩」です。昔の人が着物《きもの》を洗濯する時に使っていた板の模様に似《に》ていることから、その名前がつきました。この洗濯岩は、道路の足《あし》元辺《もとあた》りから、少しカーブを描《えが》きながら海の中でもずっと続き、なんと湾《わん》の向《む》こう岸《ぎし》までつながっているのです。一体《いったい》どのようにしてこんな岩ができたのでしょうか。

海岸まで下《お》りてみると、もう少し詳《くわ》しく「しま模様」の正体《しょうたい》がわかります。実は、砂《すな》の粒《つぶ》でできた白っぽい石の層《そう》

（砂岩《さがん》）と、泥《どろ》が固まってできた黒っぽい石の層《そう》（泥岩《でいがん》）がくり返しになってしま模様《もよう》のように見えていたのです。この二つの層は、厚《あつ》さ30～50cmほどで、規則《きそく》正しく重《かさ》なっています。そして、砂岩の方が突《つ》き出て、泥岩の方がへこんでいるという、なんとも不思議《ふしぎ》な形をしています。どうしてこんな不思議《ふしぎ》な形になったのでしょう。

　実は、波の力によってこの形はつくられたのです。波は長い年月《ねんげつ》をかけて、くり返し岩にぶつかり、少しずつ弱い所を削《けず》っていきます。硬《かた》い砂岩に比《くら》べて、泥岩は細《こま》かくはがれやすい性質《せいしつ》があります。泥岩の層をよく見ると、魚のうろこのように小さくこわれていることがわかります。そして、そのすき間に海水《かいすい》が入りこんで塩の結晶《けっしょう》ができ、さらにはがれやすくなる・・・これをくり返し、波によって削られてできたのが、洗濯岩《せんたくいわ》なのです。

　では、どうして砂岩と泥岩が順序《じゅんじょ》よく交互《こうご》に重なり合っていったのでしょうか。それは、二つの層をじっくりと観察《かんさつ》するとわかります。よく見ると、大きい粒《つぶ》から小さい粒、そして泥へと、粒の大きさがしだいに変化していくのです。

　今から1500万年前。この辺《あた》りは深い海の中でした。川から流されてきた砂《すな》や泥は、まず大陸棚《たいりくだな》

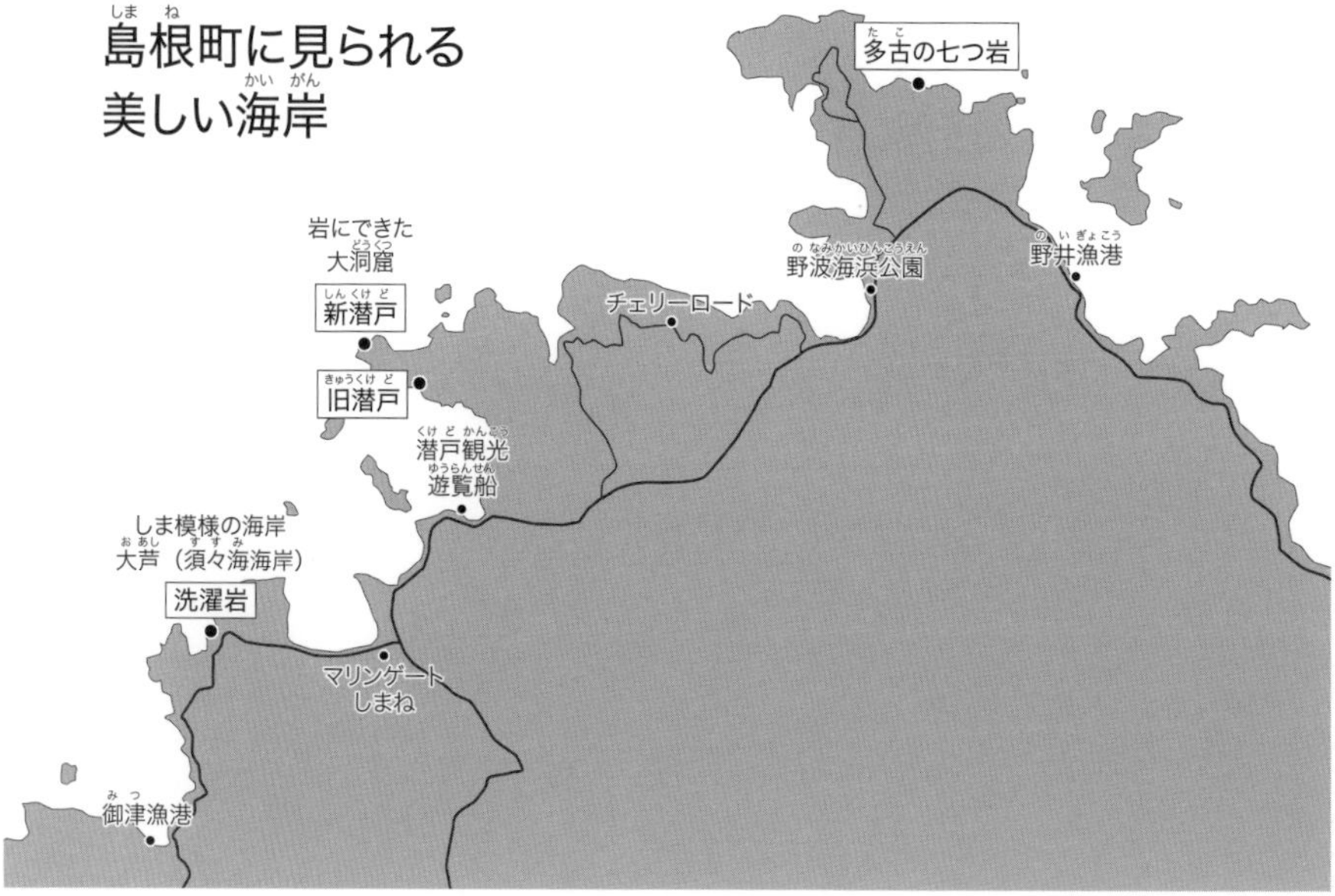

と呼《よ》ばれる場所に積もっていきます（50ページ図1）。すると、地震《じしん》や火山活動《かざんかつどう》の影響《えいきょう》で、上の方の砂《すな》や泥《どろ》が崩《くず》れて、大陸斜面《たいりくしゃめん》を流れ下《くだ》っていきます（図2）。流れ下っていった土砂《どしゃ》は、粒《つぶ》が大きくて重《おも》い砂、粒が小さくて軽い泥の順に、さらに深い海底《かいてい》に積もっていきます（図3）。同じような出来事《できごと》が何回もくり返されて、砂から泥へと数十cmの間かくで次々と重《かさ》なっていきます（図4）。この層《そう》がだんだん厚《あつ》くなると、その重《おも》さで力が加《くわ》わり、長い年月《ねんげつ》を経《へ》て石へと変化していきます。そしてその後、大地の動きによって横や下からの力で押《お》し上《あ》げられ、海の上に姿《すがた》を現《あらわ》して今の状態《じょうたい》になったのです。

近くから見た洗濯岩《せんたくいわ》

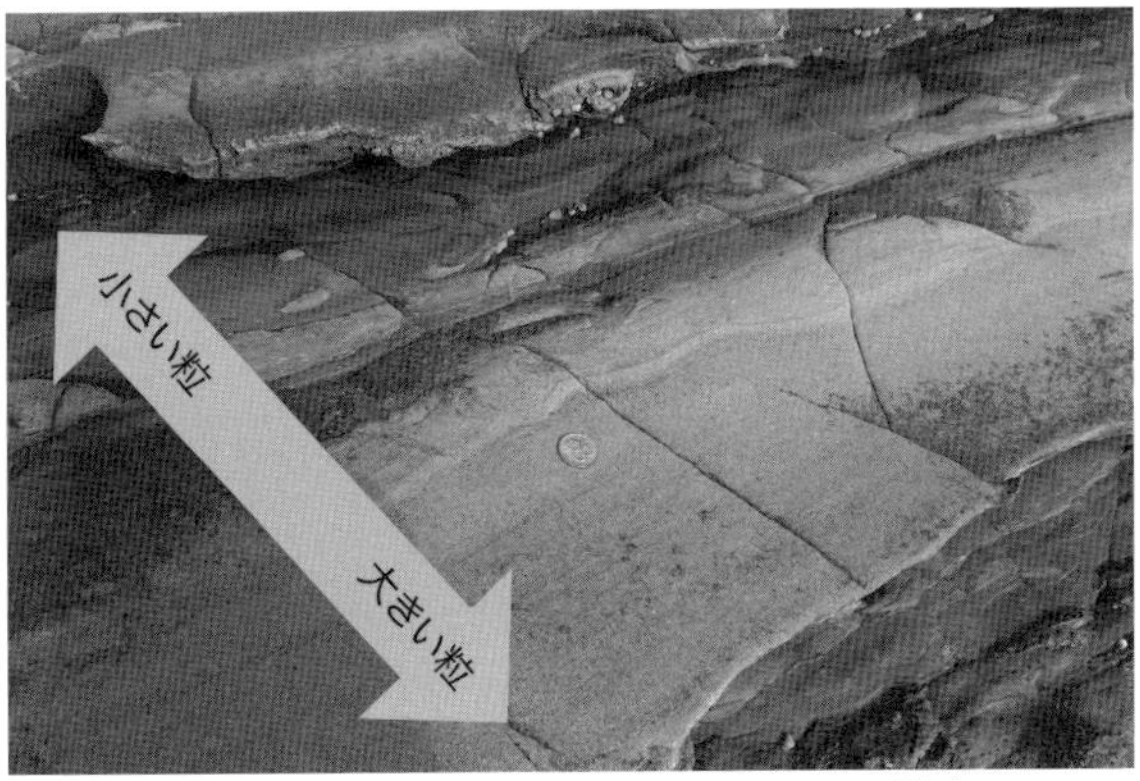

粒の大きさがしだいに変化していく様子《ようす》

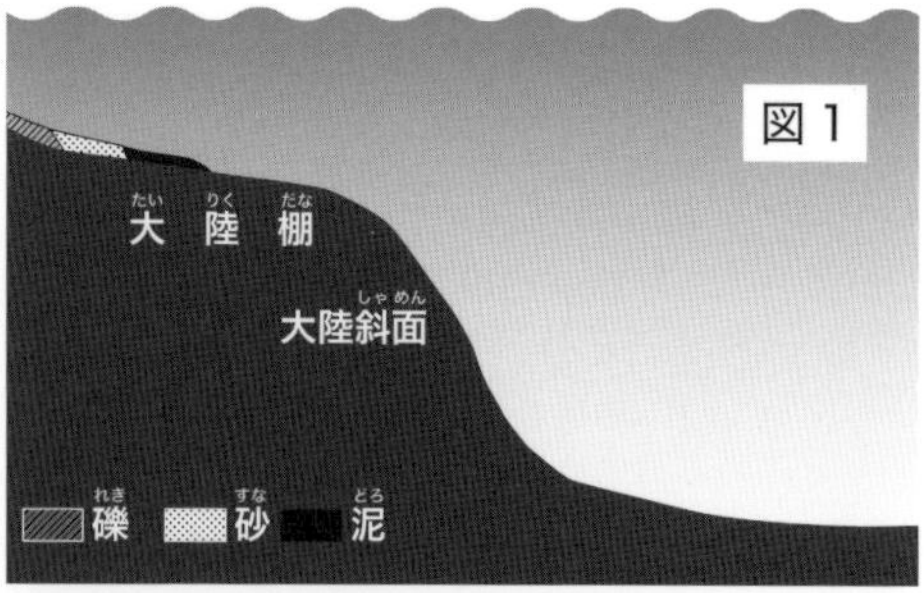

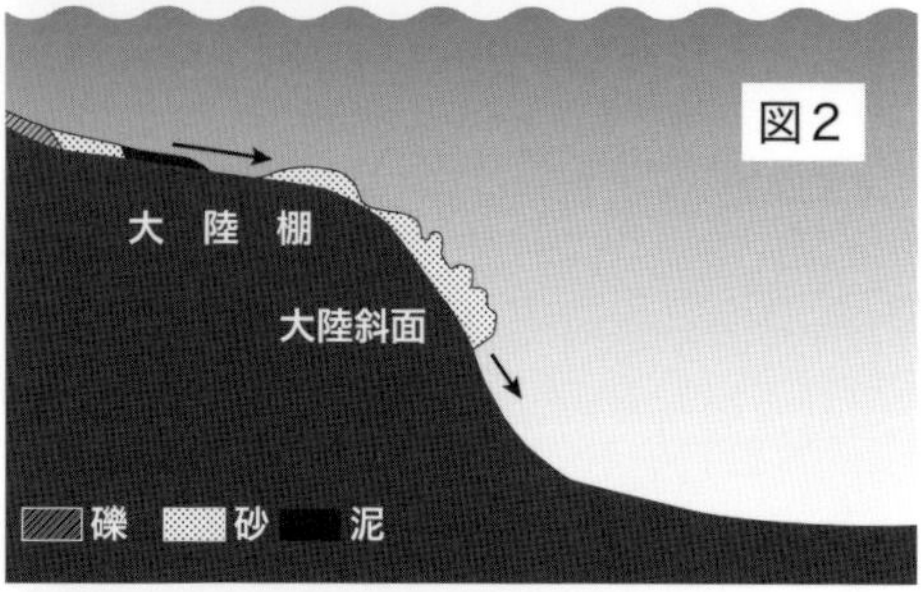

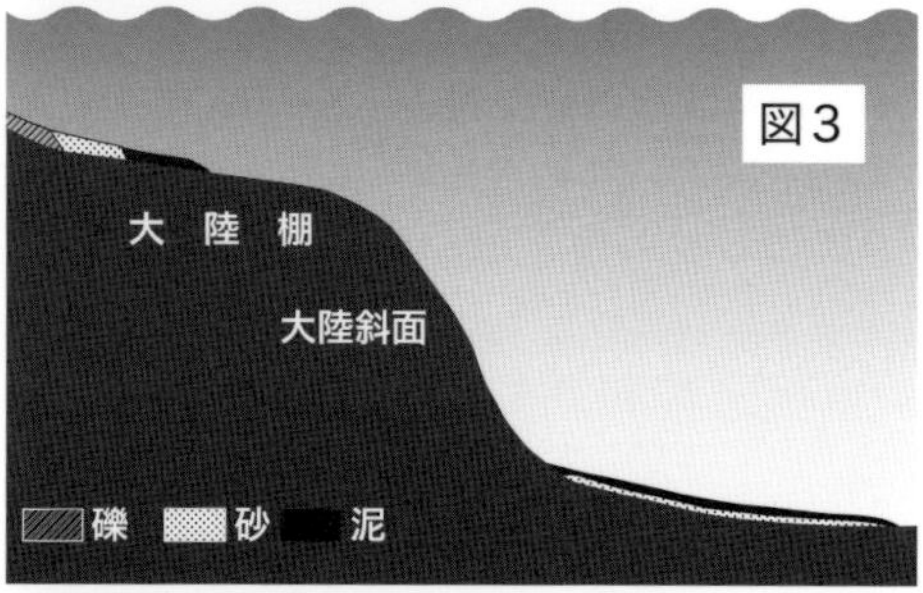

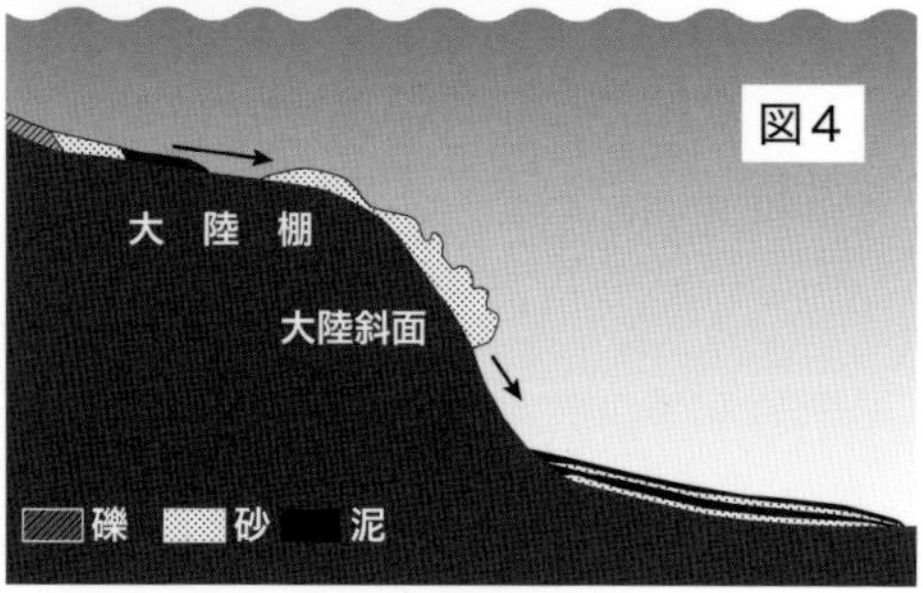

岩にできた大洞窟《どうくつ》

松江《まつえ》市《し》島根町《しまねちょう》加賀《かか》の町を通って佐波《さなみ》から細い道に入り、しばらく行ったところに白い灯台《とうだい》があります。ここが潜戸鼻《くけどばな》です。この潜戸鼻には、新潜戸《しんくけど》と旧潜戸《きゅうくけど》と呼《よ》ばれる、二つの海食洞《かいしょくどう》があります。海食洞とは、波の力で大地が削《けず》られてできた穴《あな》のことです。

新潜戸は、高さ40ｍ、長さ２００ｍの大洞窟で、船で中に入り、通り抜《ぬ》けることができます。旧潜戸も、高さ10ｍ以上、奥行《おくゆ》き50ｍほどある大きな洞窟です。

約１５００万年前、潜戸周辺《しゅうへん》には海底火山《かいていかざん》がいくつもありました。旧潜戸はその海底火山から噴出《ふんしゅつ》した溶岩《ようがん》が、新潜戸はその溶岩の破片《はへん》や火山灰《かざんばい》などが固まってできた土地が、波の力で削られてできたものです。

また、旧潜戸・新潜戸以外にも、加賀から東側に位置する多古《たこ》には、「多古の七《なな》つ穴《あな》」と呼ばれる海食洞《かいしょくどう》があります。これらの穴《あな》も、長い年月《ねんげつ》をかけて波の力によって削《けず》られてできたものです。ちなみに、「七《なな》つ穴《あな》」と名がついていますが、実は九つの海食洞からなっており、国の天然記念物《てんねんきねんぶつ》に指《し》定《てい》されています。

どちらも、長い年月をかけて波と岩がつくりあげた、自然の芸術作品《げいじゅつさくひん》といえるでしょう。

白い灯台の下に見える大洞窟《どうくつ》

トンネルのようになっている新潜戸《しんくけど》

多古《たこ》の七《なな》つ穴《あな》

植物

海岸《かいがん》の岩場《いわば》や崖《がけ》地に生きる植物たち

厳《きび》しい生活場所

島根半島《しまねはんとう》の海岸線《せん》は、東西67kmに渡《わた》って雁行状《がんこうじょう》（出たり引っこんだり）に延《の》びており、潮風《しおかぜ》にさらされる崖地や岩場、砂《すな》の移動の激《はげ》しい砂浜《すなはま》、河口《かこう》にできる塩分の多い湿地《しっち》などがあります。なかでも、崖地や岩場は植物が根を張《は》りにくく、夏になると日中《にっちゅう》は焼けつくような直射日光《ちょくしゃにっこう》で、温度もかなり上がります。また、波のしぶきをまともに受けるところもあり、内陸《ないりく》に見られる身近《みぢか》な植物は生きられないような、厳しい環境《かんきょう》といえます。

潮風にさらされる厳しい崖地

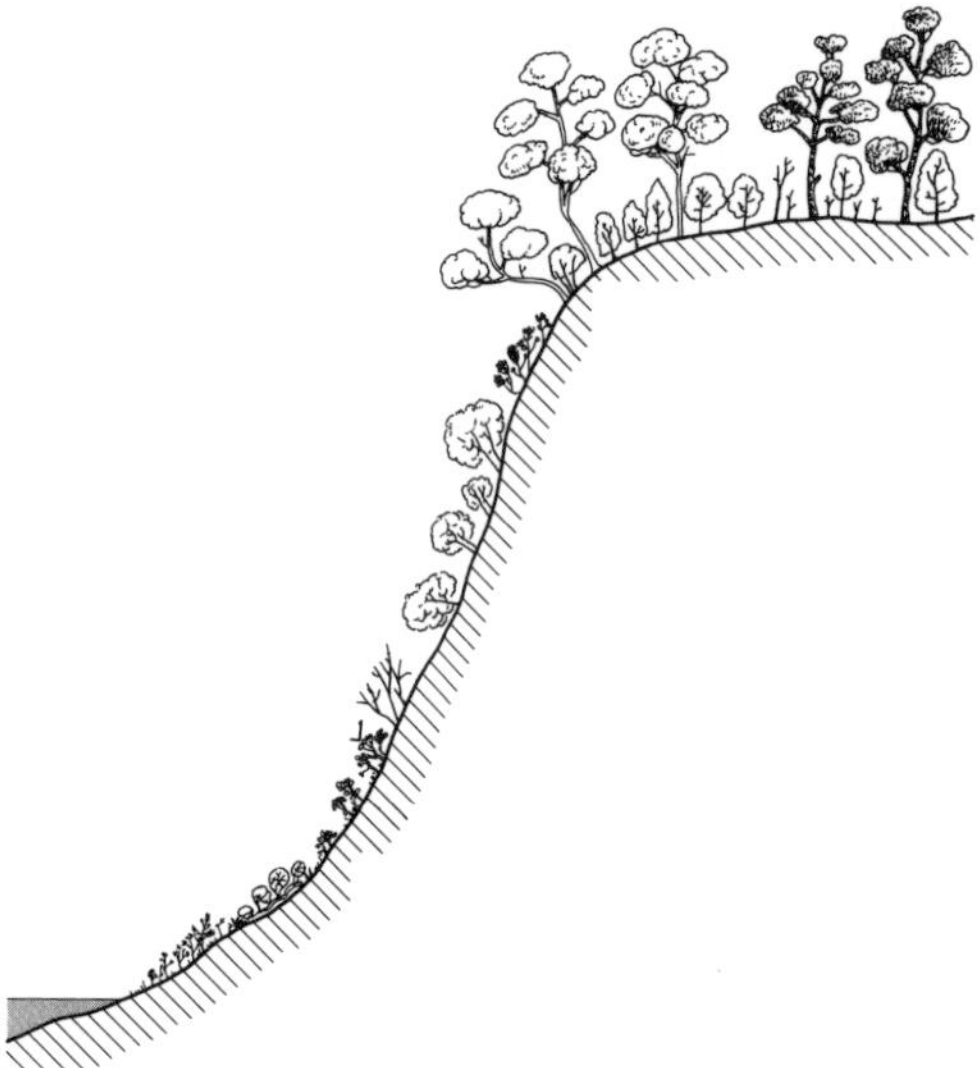

海面《かいめん》から崖の上までの帯状分布《おびじょうぶんぷ》

しかし、そんな厳《きび》しい環境《かんきょう》でも、そこをすみかに生きる海浜《かいひん》植物たちがいます。海浜植物たちは、厳しい条件の中でどのように生活しているのでしょうか。

海岸《かいがん》の岩場《いわば》に立って足元《あしもと》から見上げていくと、下から上にいくにしたがって、植物の種類《しゅるい》や形が変わっていくのに気がつきます。波打ちぎわや風当たりの強い場所は草が生《は》え、海面《かいめん》からだんだん離《はな》れ、高くなるにつれて低い木が見られるようになります。さらに土のついている崖《がけ》の上の方になると、高い木が茂《しげ》っています。このような海面から崖の上までの植物分布《ぶんぷ》の移《うつ》り変わりを帯状《おびじょう》分布といいます。

岩場に生きる仲間《なかま》

水ぎわ近くのごつごつした岩場を歩いていると、岩の上やくぼみにタイトゴメ、ハマボッス、ハマハタザオ、ハマヒルガオ、テリハノイバラなどの背丈《せたけ》の低い仲間が岩にしがみつくようにしているのが見られます。さらに崖の下の方に目を向けると、ツワブキ、ハマナデシコ、カワラヨモギ、ハマウド、オニヤブマオなどのような、茎《くき》がまっすぐ立ったものが現《あらわ》れてきます。このような様子《ようす》の違《ちが》いは、主《おも》に海からの強い風の影響《えいきょう》によるものです。

一つ一つの植物をくわしく見ると、なるほどと思うような、環境に適《てき》した形や生活のしかたをしているのがよくわかります。例《たと》えばタイトゴメは米粒《こめつぶ》のような小さい葉をたくさんつけています。これは、直射日光《ちょくしゃ》や波のしぶき、潮風《しおかぜ》が当たること

黄色い花の咲くタイトゴメ

から身を守り、さらに表面積《ひょうめんせき》を小さくして葉の中に水をたくわえ乾燥《かんそう》を防《ふせ》ぐための工夫《くふう》なのです。高さは5～8㎝くらいしかありません。

崖《がけ》の斜面《しゃめん》に生きる仲間《なかま》

崖地も潮風《しおかぜ》をまともに受けます。ここではハマビワ、トベラ、ハマヒサカキ、マルバグミ、マサキなどをよく見かけます。これらの木の根元《ねもと》をよく見ると、細い幹《みき》がいくつにも分かれている低木型《ていぼくがた》であるのに気づきます。このために、強い風に当たったり、しぶきをかぶったりして幹の先が枯《か》れてしまっても、残ったところから芽をふき、葉を再《ふたた》び茂《しげ》らせて生きのびることができるのです。

崖の上にのびる海岸林《かいがんりん》

崖の最上部《さいじょうぶ》にはクロマツの林、その後《うし》ろにシイ、カシなどの常緑広葉樹《じょうりょくこうようじゅ》が続きます。幹が一本の高木型《こうぼくがた》が多くなります。これは他《ほか》の樹木《じゅもく》との日光をめぐる競争が激《はげ》しくなるためです。崖の前方《ぜんぽう》のクロマツをよく見ると、海とは反対側の方に曲がった形をしています。これは、海岸側の芽は潮風に当たって成長しにくいけれども、反対に内陸《ないりく》側は被害《ひがい》が少なく、成長を続けるためなのです。

ハマビワ

クロマツ

動植物

磯《いそ》の生き物たち

岩場《いわば》で暮《く》らす動物たち

島根半島《しまねはんとう》の海岸線《かいがんせん》は入《い》り組《く》んでいて、潮《しお》の干満《かんまん》によって陸になったり海中《かいちゅう》になったりする部分があり、それぞれの環境《かんきょう》に適応《てきおう》した海藻《かいそう》や動物が生息《せいそく》しています。天気が良くて海がおだやかな日に、磯に行って生き物たちを観察《かんさつ》してみましょう。観察するときには、潮上帯《ちょうじょうたい》（満ち潮の時だけ波しぶきのあたる所）、潮間帯《ちょうかんたい》（引き潮の時だけ姿《すがた》を現《あらわ》す所）、潮下帯《ちょうかたい》（いつも海《かい》水《すい》に隠《かく》れている所）に区別しながら、岩場の様子《ようす》や波の当たり方に気をつけて、生き物

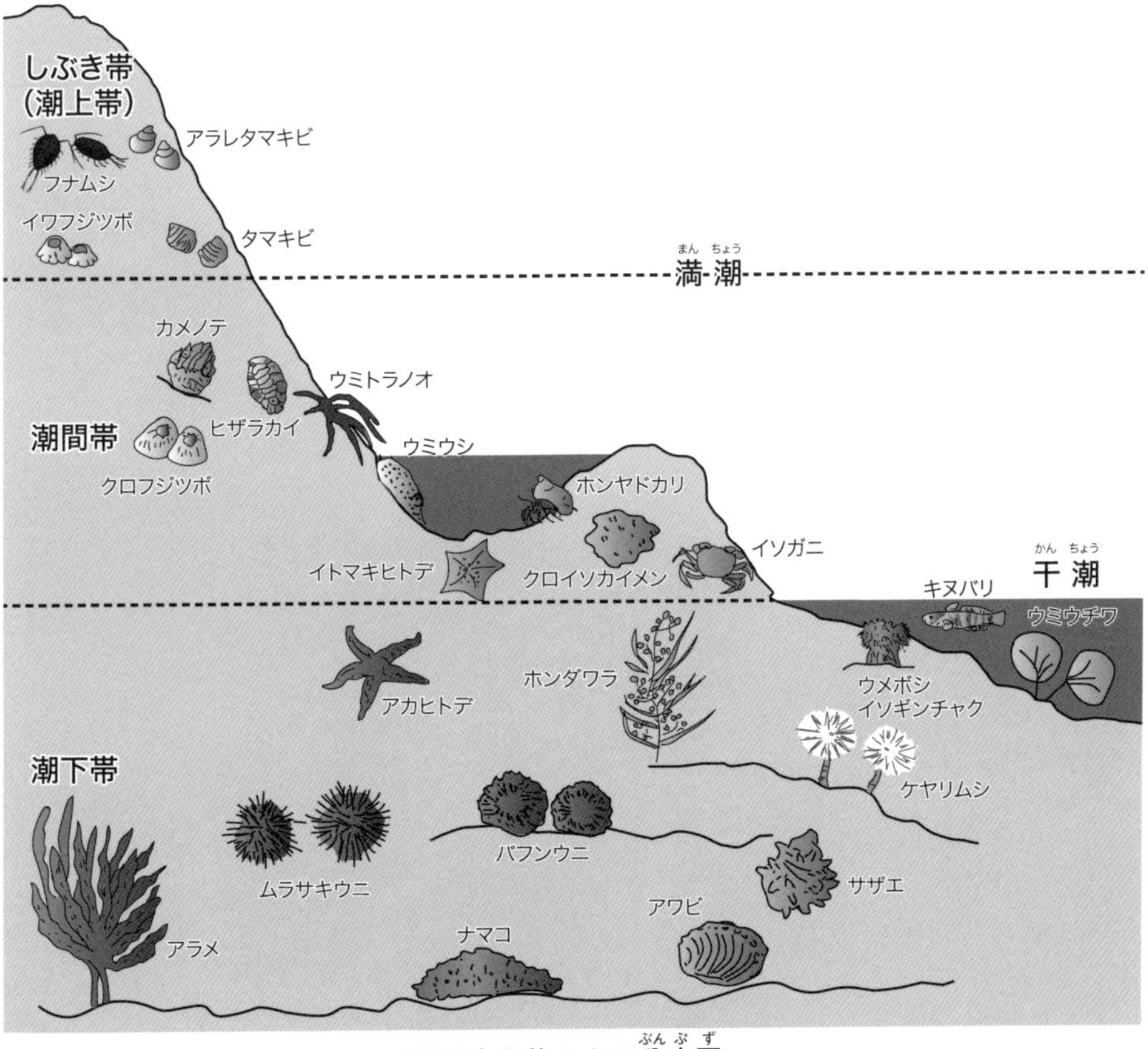

磯の生き物たちの分布図《ぶんぷず》

の形や見つかる場所を注意深く見てみましょう。

まずは、満《み》ち潮《しお》の時だけしぶきの当たる所。ここには、アラレタマキビという小さな巻《ま》き貝《がい》がくっついていることがあります。アラレタマキビは、直径5㎜から10㎜くらいの白い巻き貝です。海水《かいすい》の中にいることを嫌《きら》い、湿《しめ》り気《け》が少ない所が好きで、乾《かわ》いた岩場《いわば》でも2ヶ月半も生きられます。だから、満ち潮の時だけ海水のかかる岩場《いわば》をすみかとして、たくさん集まって暮《く》らしています。

波が一番激《はげ》しく当たるような海面《かいめん》すれすれの所で、岩のさけ目にびっしりと並《なら》んだ生き物は、先のとがった厚《あつ》みのない黄色の殻《から》に覆《おお》われたカメノテです。よく見るとカメの手にそっくりなことから、この名が付けられました。水が周《まわ》りにある時には、しなやかな足を出してエサをとっています。

波が強く当たる所にむらがって並んでいるのがクロフジツボです。上から見ると火山《かざん》の火口《かこう》のように見えます。クロフジツボは硬《かた》い殻をもち、危険《きけん》から身を守ったり、引《ひ》き潮《しお》の時には水分がなくなるのを防《ふせ》いだりします。カメノテの仲間《なかま》で、海中《かいちゅう》では同じように足を出してエサをとります。

クロフジツボと同じような場所や岩のくぼみにはヒザラガイもいます。ちょっと貝の仲間には見えませんが、ヒザラガイは

アラレタマキビ

ヒザラガイ

イトマキヒトデ

イソギンチャク

背中《せなか》に8枚の殻《から》を持《も》ち、よく見ると、周《まわ》りの肉は短いとげで覆《おお》われている貝の仲間《なかま》です。岩にしっかりとへばりついていてなかなかとれませんが、いそがね（貝を岩から外《はず》す道具）を使って岩から外すと、体を丸めてしまいます。この形からジイガゼ（おじいさんの背中）とも呼《よ》ばれるのです。

いつも海水《かいすい》に隠《かく》れている所や波がよく当たる所のくぼみには、イソギンチャクの触手《しょくしゅ》が、波が寄《よ》せるたびにうごめいています。イソギンチャクは何かにくっついて砂《すな》の中から触手を出しますが、その多くは岩にくっついて暮《く》らしています。自分からエサを探して動き回《まわ》るわけではなく、細い触手にさわった小さな魚などを、上を向いた大きな口から取りこんで体の中に入れてしまう方法でエサをとります。

いつも海面《かいめん》から下に隠れている岩場《いわば》や砂地《すなじ》には、上から見ると青みがかった緑色で赤いはん点のある星の形をした生き物が見えます。イトマキヒトデです。イトマキヒトデの体は、腕《うで》の数が5本で、平《ひら》べったい星形です。背中側は石灰質《せっかいしつ》の小さな板で覆われ、腹側《はらがわ》にある口は体の中央にあります。そして腹側から一面に細い管《くだ》のような管足《かんそく》をのばして体を動かしたり貝をとって食べたりします。

海にもぐって、日の当たりにくい岩かげなどを見ると、濃《こ》い紫色《むらさき》でクリのいがのようなトゲをもったムラサキウニが見られます。ムラサキウニは硬《かた》いトゲで体一面に覆《おお》われた丸い殻《から》を持っていて、下側に口があります。体の中には黄色い卵《たまご》の塊《かたまり》がたくさん入っています。これは食べられます。トゲの短いバフンウニというウニもいますが、寿司《すし》でよく食べられるウニは、主《おも》にこのバフンウニの卵です。

海中《かいちゅう》を彩《いろど》る植物たち

海は動物たちだけの世界ではありません。海中にはたくさんの植物たちも生きているのです。海にもぐると、様々《さまざま》な色や形をした海藻《かいそう》が生《お》い茂《しげ》っている様子《ようす》が見られます。

海藻は、陸上の植物と違《ちが》って、色によって緑藻《りょくそう》、褐藻《かっそう》、紅藻《こうそう》の三種類《しゅるい》に大きく分けられます。陸上の植物と同じ色をしている緑藻の多くは海辺《うみべ》の浅いところで育ちます。これは、陸上の植物と同じように、太陽の光がじゅうぶん届《とど》かないと生きられないからです。深くなるにつれて緑藻の仲間《なかま》は少なくなり、黒みがかった茶色をした褐藻や、赤色や紫色をした紅藻の仲間の割合《わりあい》が多くなります。それは、深くなると、届《とど》く光が弱くなり、光の色も変わるからです。海藻は、光を利用しやすいように、体の色を届く光の色に合わせているのです。

ムラサキウニ

バフンウニ

また、海藻《かいそう》には根、茎《くき》、葉の区別がありません。根に似《に》た部分は、そこから養分を取り入れるのではなく、岩にくっつく役目を果たしています。だから、根に似た部分が切れても体全体で養分を作り、生きていくことができるのです。

まめ手帳

ハッチョウトンボ

体長わずか17～19㎜の世界で最《もっと》も小さいトンボの一つで、羽を広げても一円玉くらいの大きさしかありません。オスは全身があざやかな赤色、メスは黄色っぽい色をしています。平地から山地にかけての湿地《しっち》や、米作りをやめた田んぼなどで5月中旬から9月中旬まで飛び回《まわ》りますが、環境《かんきょう》が変わるとすぐにいなくなってしまうので、「まぼろしのトンボ」とも呼《よ》ばれています。すでに姿《すがた》が失われた地《ち》域《いき》も少なくありませんが、島根県《しまねけん》では昔ながらの自然が残る湿地でわずかに生息《せいそく》が確認《かくにん》されています。

ハッチョウトンボ

4 出雲《いずも》平野《へいや》

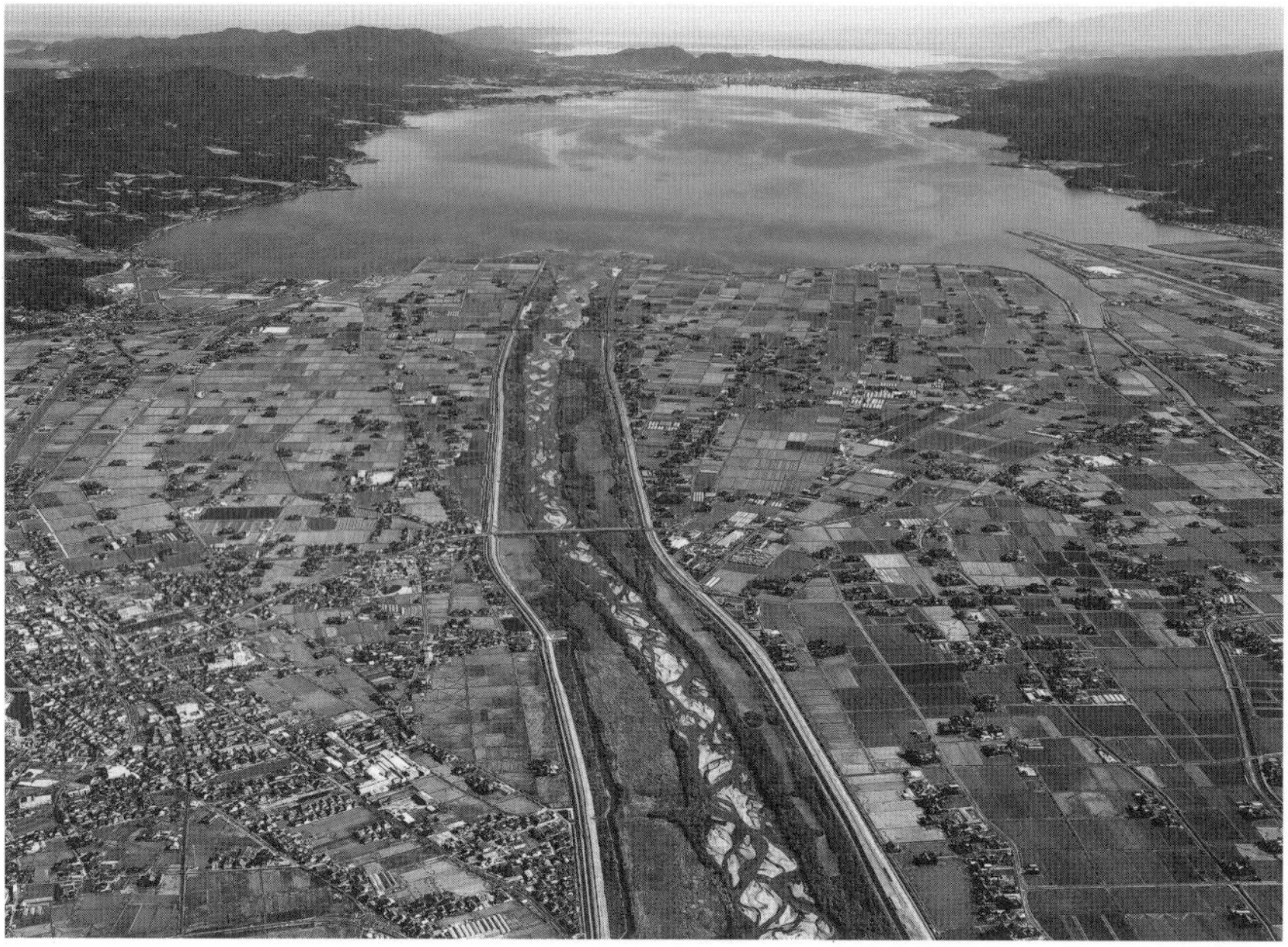

斐伊川上空《ひいかわじょうくう》から見渡す出雲平野（上は宍道湖《しんじこ》）

大地

二つの川がつくりあげた平野

自然堤防《しぜんていぼう》

出雲平野の自然堤防は昔《むかし》の川のあとで、周《まわ》りに比《くら》べてやや高くなっています。そこは集落《しゅうらく》や畑地《はたち》として生活の場に利用《りよう》されていいます。また古墳《こふん》や遺跡《いせき》も多く残《のこ》されています。

出雲《いずも》地方特有《とくゆう》の築地松《ついじまつ》を持った家や神社《じんじゃ》、お寺などを航空写真《こうくうしゃしん》を使って調べていくと、細長い形ができます。また、平野《へいや》の中で周《まわ》りよりわずかに高い土地をつないでいくと、やはり細長い形ができてきます。この細長い地形《ちけい》が自然堤防《しぜんていぼう》のあとなのです。

この自然堤防の土はいろいろ変化《へんか》にとんできます。水で洗って砂《すな》や礫《れき》を取り出すと青っぽい灰色のものと、白っぽい色のものの２種類《しゅるい》の仲間《なかま》に分けることができます。

青っぽい灰色をした砂や礫は、花崗岩《かこうがん》などの砂に、三瓶火山《さんべかざん》の石が混《ま》じった神戸川《かんどがわ》の砂や礫とよく一致《いっち》します。白っぽい砂や礫は、花崗岩からできたもので、斐伊川《ひいかわ》の砂や礫と同じものです。この特《とく》徴《ちょう》を利用《りよう》して、どちらの川がつくった自然堤防なのかを調査《ちょうさ》することができます。

いろいろな自然堤防

出雲平野《いずもへいや》の東部《とうぶ》と西部《せいぶ》とで自然堤防のでき方や形に違《ちが》いがあります。

東部の出雲市平田町《ひらたちょう》や斐川町《ひかわちょう》に見られる自然堤防は、白っぽい花崗岩からできた砂や礫だけ見つけることができるので、斐伊川が流してきた土砂《どしゃ》だけでつくられたといえます。そして、斐伊川の流れに沿《そ》って帯状《おびじょう》の形をしており、数列《すうれつ》になって、見事《みごと》に並《なら》んでいます。

一方《いっぽう》、出雲市の西部にある自然堤防は、でき方が複雑《ふくざつ》です。三瓶火山の砂や礫を含《ふく》み、神戸川がつくった自然堤防の他《ほか》に、斐伊川がつくり出したもの、神戸川と斐伊川の二つの川の砂や礫が混じってつくりあげたものの３種類あることがわかりました。

このことは、むかしの斐伊川が西へ流れていたことをものがたっています。

また、この地域《ちいき》の自然堤防の形にも変化がみられます。神戸川沿《ぞ》いや北の山地沿いでは自然堤防は帯状に並んでいますが、出雲市街地《しがいち》の近くでは扇状地《せんじょうち》に似《に》た形になっています。

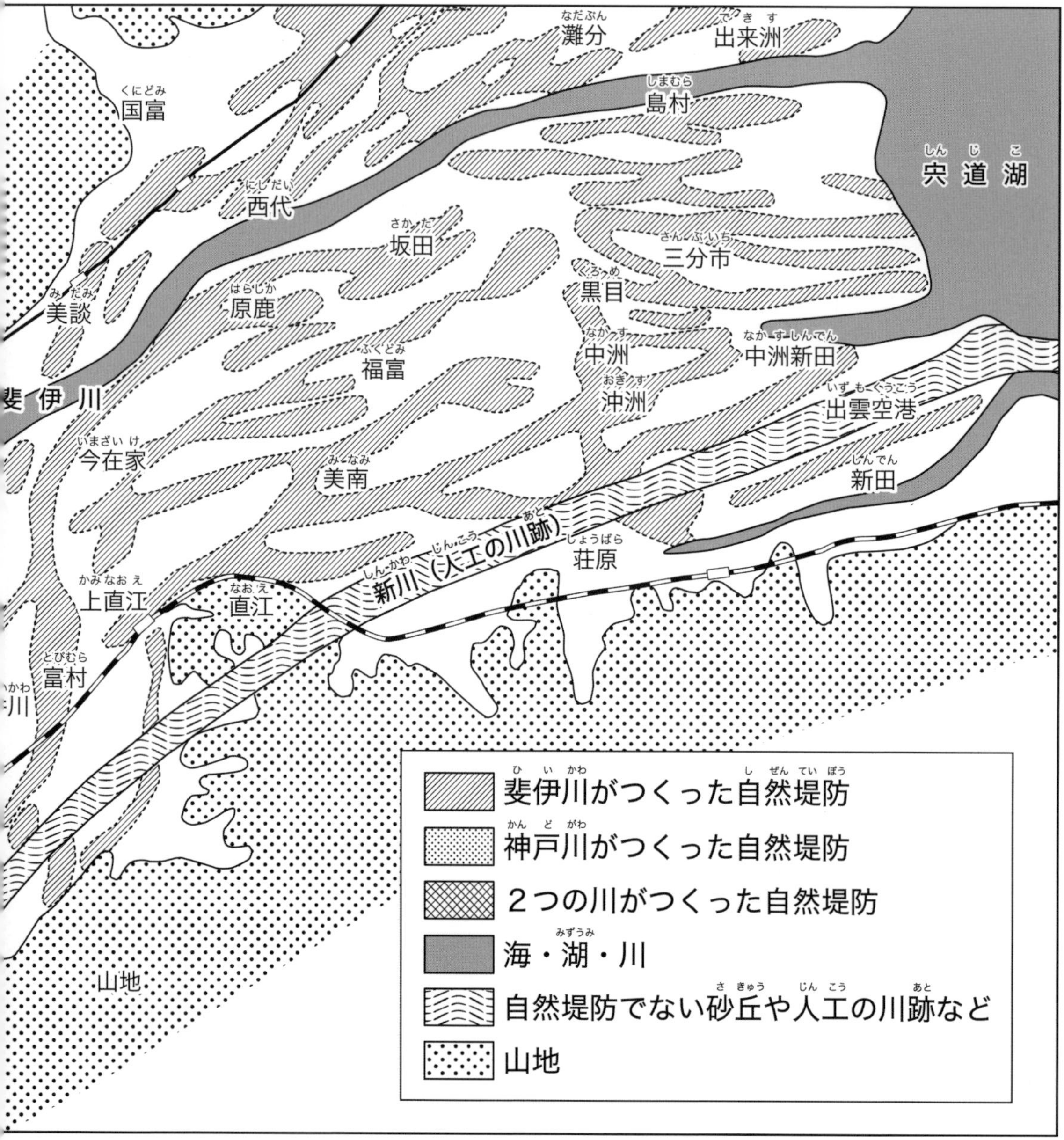
灘分《なだぶん》
出来洲《できす》
国富《くにどみ》
島村《しまむら》
宍道湖《しんじこ》
西代《にしだい》
坂田《さかた》
三分市《さんぶいち》
美談《みだみ》
原鹿《はらじか》
黒目《くろめ》
中洲《なかす》
中洲新田《なかすしんでん》
福富《ふくどみ》
斐伊川
沖洲《おきす》
出雲空港《いずもくうこう》
今在家《いまざいけ》
美南《みなみ》
新田《じんでん》
新川《しんかわ》（人工《じんこう》の川跡《あと》）
荘原《しょうばら》
上直江《かみなおえ》
直江《なおえ》
富村《とびむら》
川
山地
斐伊川《ひいかわ》がつくった自然堤防《しぜんていぼう》
神戸川《かんどがわ》がつくった自然堤防
２つの川がつくった自然堤防
海・湖《みずうみ》・川
自然堤防でない砂丘《さきゅう》や人工《じんこう》の川跡《あと》など
山地

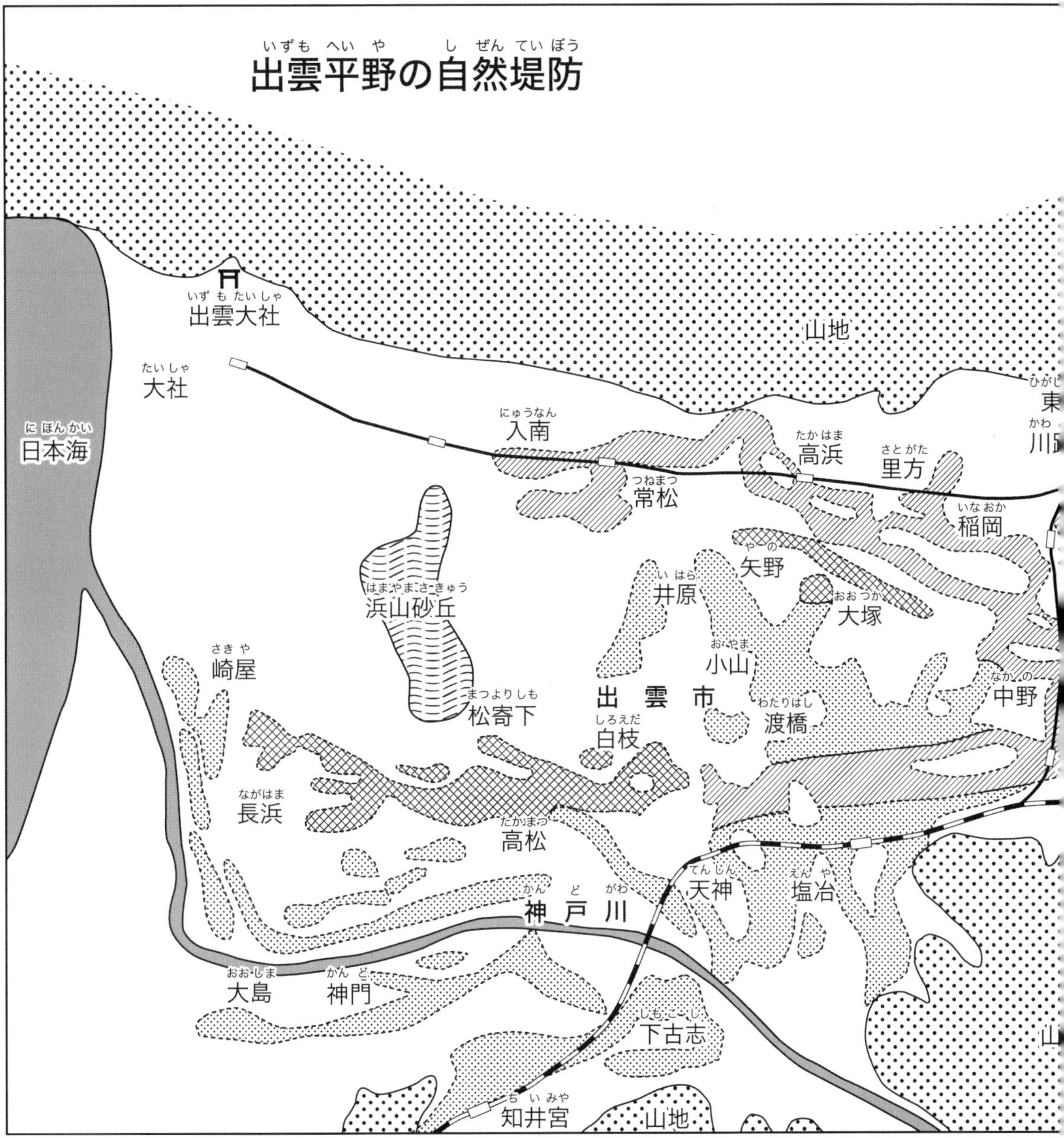
出雲平野《いずもへいや》の自然堤防《しぜんていぼう》
出雲大社《いずもたいしゃ》
山地
大社《たいしゃ》
日本海《にほんかい》
入南《にゅうなん》
高浜《たかはま》
里方《さとがた》
東
川
常松《つねまつ》
稲岡《いなおか》
矢野《やの》
井原《いはら》
大塚《おおつか》
浜山砂丘《はまやまさきゅう》
崎屋《さきや》
小山《おやま》
出雲市
中野《なかの》
松寄下《まつよりしも》
渡橋《わたりはし》
白枝《しろえだ》
長浜《ながはま》
高松《たかまつ》
天神《てんじん》
塩冶《えんや》
神戸川《かんどがわ》
大島《おおしま》
神門《かんど》
下古志《しもこし》
知井宮《ちいみや》
山地
山

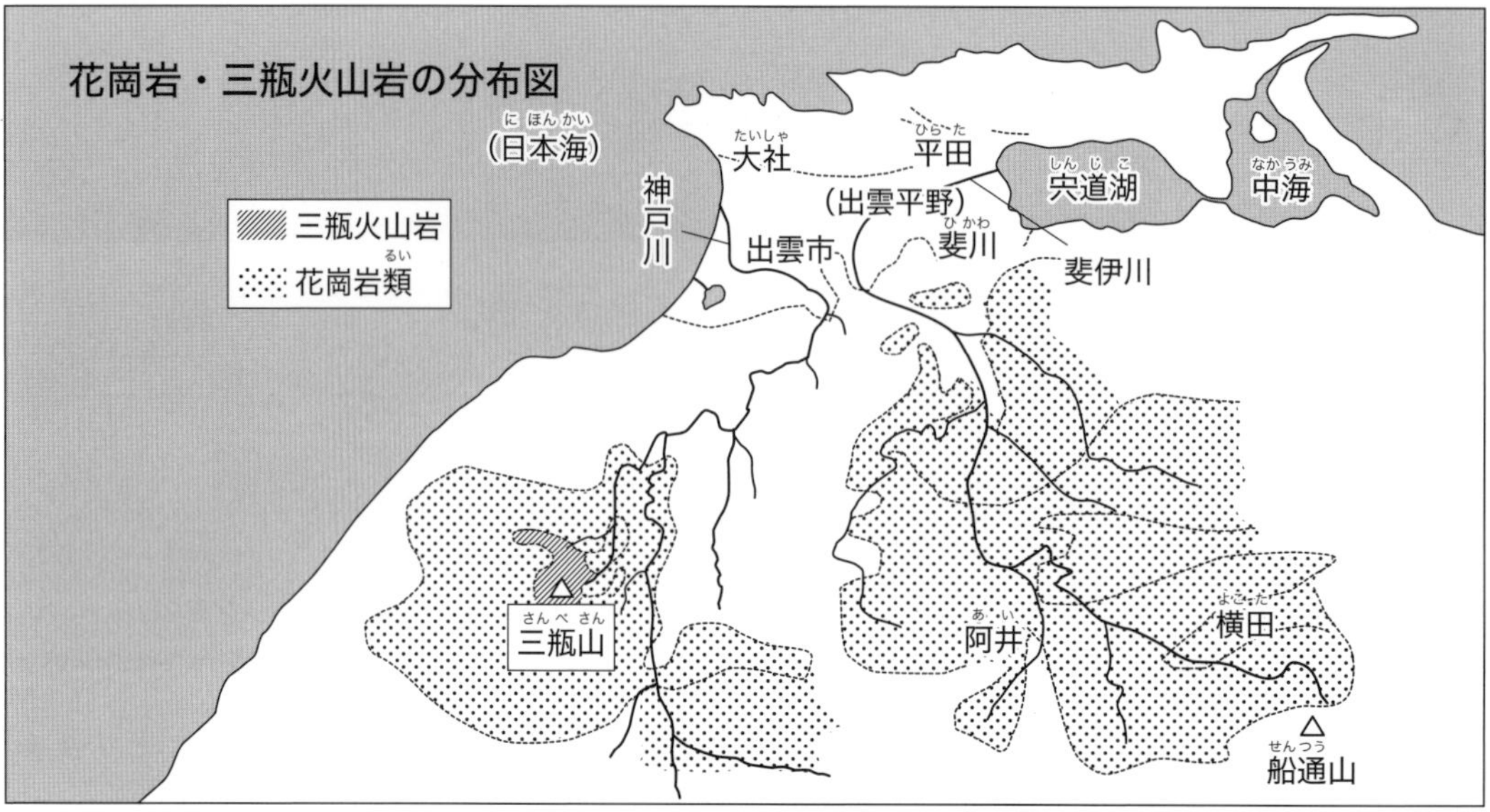

このようにして、大昔の斐伊川《ひいかわ》と神戸川《かんどがわ》は平野《へいや》を自由に流れ、たくさんの土砂《どしゃ》を運んできて平野を大きく広げながらつくりあげていったのです。

広い出雲《いずも》平野をうめ立てた大量の土砂はどこからきたのでしょう。上の図に示《しめ》したように川の上流部《じょうりゅうぶ》は花崗岩《かこうがん》が広く分布《ぶんぷ》しています。花崗岩は風化《ふうか》しやすく大量の土砂になっています。神戸川の中流部《ちゅうりゅうぶ》には三瓶火山《さんべかざん》があり、この岩石《がんせき》も風化しやすく、崩《くず》れやすい火山の地層《ちそう》もあります。これらの土砂を二つの川が下流《かりゅう》に運び、出雲平野をうめ立てたのです。

くらし

鉄穴《かんな》流《なが》しと川違《かわたが》え

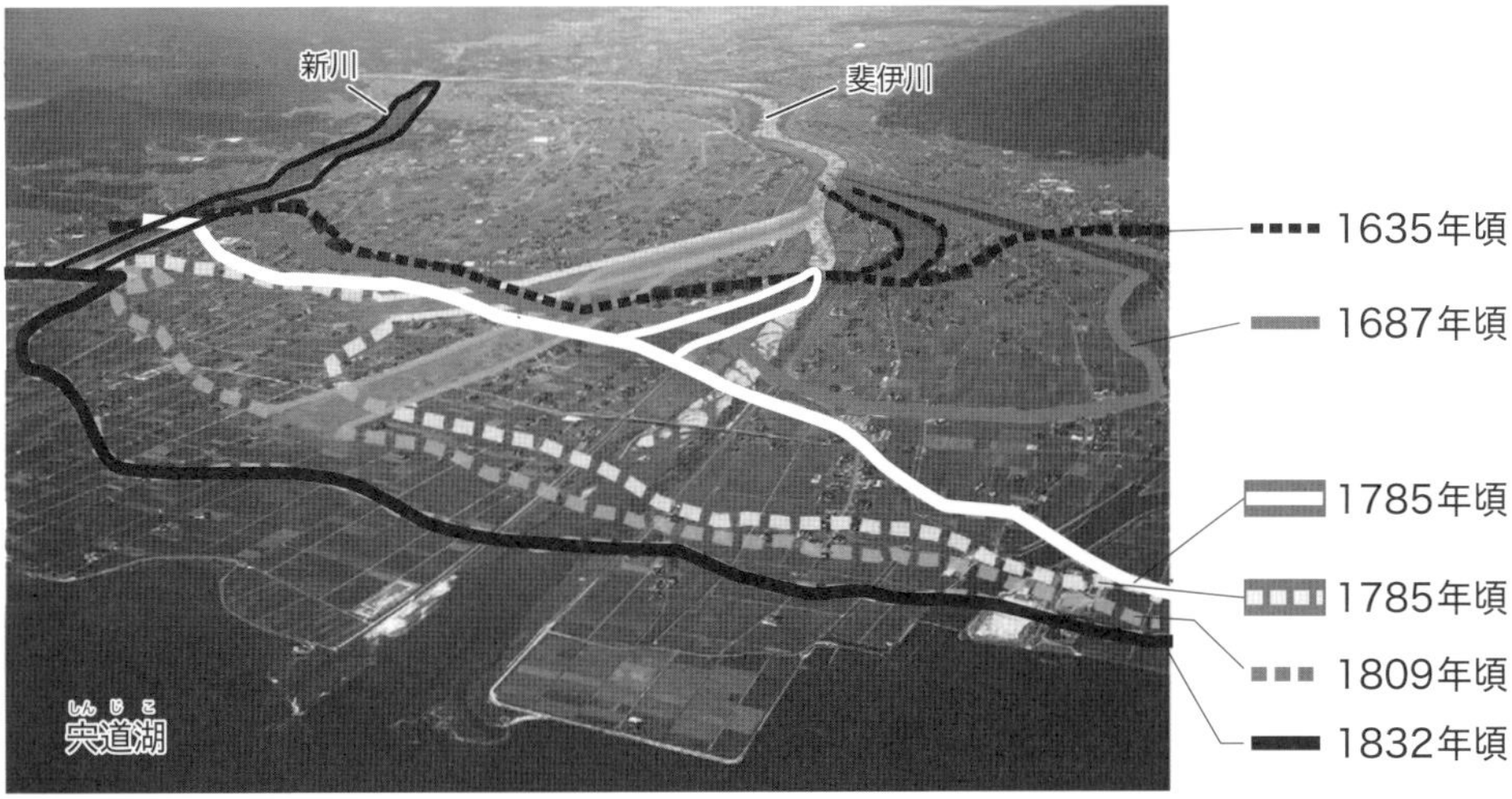

人の力で変化させた斐伊川の流れ

　自然の力に加《くわ》え、斐伊川《ひいかわ》では「鉄穴流し」という人の力も加わり、うめ立ては速《はや》く進《すす》みました。しかし、斐伊川が運ぶ大量《たいりょう》の土砂《どしゃ》は、度重《たびかさ》なる洪水《こうずい》をもたらしたため、40～60年ごとに水が流れているところを人の力で移動《いどう》させる「川違え（上図）」を行いました。川違えによって洪水を防止《ぼうし》するとともに、斐伊川が運ぶ土砂で宍道湖《しんじこ》を計画的《けいかくてき》に干拓《かんたく》して、新たな田畑《たはた》をつくることに取り組んだのです。

　同じような目的で1832年には、出雲平野《いずもへいや》の南部《なんぶ》に人工《じんこう》の川「新川《しんかわ》」がつくられました。しかし、約100年の間に土砂が川底《かわぞこ》にたまってしまい、1939年に廃《はい》川《せん》となりました。斐伊川で大量の土砂が運ばれていたことが改《あらた》めてよく分《わ》かります。

　平野の地下《ちか》の様子《ようす》はボーリング試料《しりょう》でわかります。東部《とうぶ》の地下では、斐伊川の砂《すな》の層《そう》の厚《あつ》さは約《やく》5mで、神戸川《かんどがわ》の砂はありません。西部《せいぶ》の地下では、神戸川の砂の層は約8mと厚く、また斐伊川の西流《せいりゅう》あとでは、斐伊川の砂の下に神戸川の砂の地層《ちそう》があります。平野西部はまず神戸川が土砂を運びこみ平野をうめ立て、その後、斐伊川が土砂を運び平野を完成《かんせい》させたのです。

斐伊川河口の水鳥たち

動物

河口《かこう》に集《つど》う鳥たち

斐伊川《ひいかわ》河口の周《まわ》りで見られる水鳥

奥出雲《おくいずも》の船通山《せんつうざん》から流れはじめた斐伊川は、広い出雲平野《いずもへいや》を東に流れて、汽水湖《きすいこ》（海水《かいすい》が混《ま》じっている湖《みずうみ》）の宍道湖《しんじこ》に流れこんでいます。その河口には大きな中州《なかす》ができていて、野鳥の休息地《きゅうそくち》になっています。

斐伊川の河口付近《ふきん》
（一畑電鉄・布崎駅から車で10分）

エサを探すオオジュリン

水面で羽を休めるマガモ（手前：オス　奥《おく》：メス）

飛んでいるマガン

冬、斐伊川《ひいかわ》の堤防《ていぼう》の道を河口《かこう》に近づいていくと、広い河川敷《かせんじき》に枯《か》れたヨシを中心とする茶色の草原が帯《おび》のように広がっています。ここでは、様々《さまざま》な鳥たちを観察《かんさつ》することができます。特に天気のよい風がおだやかな日は、その姿《すがた》や行動《こうどう》を観察することができます。

鳥たちを観察する時には、おどろかせて鳥たちの暮《く》らしをじゃましないように、離《はな》れた場所から双眼鏡《そうがんきょう》などを使って観察することが大切です。川の水面《みなも》にはマガモやカルガモなどの水鳥たちが静かに羽を休めている様子《ようす》が見られるでしょう。また、よく見ると、入りくんだ湿地《しっち》の草かげにコガモの姿もあるかもしれません。茶色の草原を観察すると、オオジュリンというスズメくらいの大きさの小鳥がヨシの茎《くき》にとまってえさを探《さが》しているでしょうし、上空《じょうくう》には川の魚をねらってミサゴが飛んでいるかもしれません。その他《ほか》にも、冬鳥《ふゆどり》の代表格《だいひょうかく》であるコハクチョウやマガンをはじめ、キンクロハジロなどのカモの仲《なか》間《ま》やタカの仲間のチュウヒなど、たくさんの種類《しゅるい》に出会《であ》える斐伊川の河口《かこう》は、西日本《にしにほん》でも有数の野鳥の生息地《せいそくち》の一つといえます。ここには、野鳥が生活するのにつごうのよい条件《じょうけん》がそろっているからなのです。

飛んでいるコハクチョウ（下：成鳥《せいちょう》　上：幼鳥《ようちょう》）

オオハクチョウ（矢印）とコハクチョウ

水面《みなも》で羽を休めるコハクチョウ

河口に集《つど》うコハクチョウ

斐伊川河口を双眼鏡《そうがんきょう》でのぞいてみると、マガモやカモメよりも体が大きなコハクチョウの姿《すがた》があるかもしれません。コハクチョウという名前のとおり、オオハクチョウに比《くら》べるとひと回《まわ》り小さいものの、全長は約１２０㎝、翼《つばさ》を広げると２ｍほどにもなる大型の水鳥で、北の地方から冬を越《こ》すために、はるか南まで渡《わた》ってくるのです。コハクチョウが宍道《しんじ》湖《こ》に渡ってくるのは、「出雲国風土記《いずものくにふどき》」にも記録されているほど古くからのことです。宍道湖は、現在《げんざい》は数少ないコハクチョウの渡来地《とらいち》であり、定期的《ていきてき》に集団で越冬《えっとう》する場所としては日本国内での南限《なんげん》ともなっています。

コハクチョウたちが渡来地として選

んでいる理由の一つとして、斐伊川《ひいかわ》堤防《ていぼう》の内側に広がる水田《すいでん》などが、冬を越《こ》すあいだ十分に食べることができるえさ場となっていることが考えられます。また、コハクチョウたちにとって安全なねぐらがあることも大きな理由の一つだと考えられます。

ねぐらには波が当たったり流されたりしにくい浅《あさ》い水面《すいめん》や、周囲《しゅうい》を水面で囲まれている中州《なかす》などを選びます。コハクチョウたちは朝がくるとえさ場へ飛び立ち、稲《いね》刈《か》りが終わった水田で落穂《おちぼ》や二番穂《にばんぼ》（稲刈りした株からもう一度のびてきた穂《ほ》）や、稲の切り株《かぶ》の茎《くき》や根、生《は》えている草などを食べます。そして、夕方にはねぐらへと帰ってきます。

水田でえさを食べるコハクチョウ

斐伊川河口《かこう》の周りで見られる鳥たち（カッコ内は科名《かめい》）

夏鳥《なつどり》	留鳥《りゅうちょう》
ヨシゴイ（サギ）	キジ（キジ）
アマサギ（サギ）	カルガモ（カモ）
チュウサギ（サギ）	カイツブリ（カイツブリ）
ツバメ（ツバメ）	キジバト（ハト）
オオヨシキリ（ヨシキリ）	カワウ（ウ）
冬鳥《ふゆどり》	アオサギ（サギ）
	ダイサギ（サギ）
マガン（カモ）	ミサゴ（ミサゴ）
コハクチョウ（カモ）	トビ（タカ）
オオハクチョウ（カモ）	カワセミ（カワセミ）
マガモ（カモ）	ヒバリ（ヒバリ）
コガモ（カモ）	スズメ（スズメ）
キンクロハジロ（カモ）	セグロセキレイ（セキレイ）
カワアイサ（カモ）	**旅鳥《たびどり》**
オオバン（クイナ）	
タゲリ（チドリ）	ムナグロ（チドリ）
ハマシギ（シギ）	セイタカシギ（セイタカシギ）
カモメ（カモメ）	
チュウヒ（タカ）	アオアシシギ（シギ）
ツグミ（ヒタキ）	コヨシキリ（ヨシキリ）
オオジュリン（ホオジロ）	

夏鳥：春から初夏の頃に渡ってきて繁殖《はんしょく》し、秋頃に越冬地《えっとうち》へと渡っていく鳥

冬鳥：秋頃から渡ってきて越冬し、春頃に繁殖地へと渡っていく鳥

留鳥：一年中生息《せいそく》している鳥

旅鳥：春や秋頃に渡りの途中《とちゅう》に立ち寄《よ》り、通過《つうか》していく鳥

5 鬼《おに》の舌《した》震《ぶるい》

重《おも》さ数百トンにおよぶほどの大きな岩が並《なら》ぶ鬼の舌震（奥出雲町《おくいずもちょう》）

大地

川の彫刻《ちょうこく》

川の中の巨大《きょだい》な岩

斐伊《ひい》川《かわ》の支流《しりゅう》・大馬木川《おおまきがわ》には「鬼の舌震」という所があります。深い谷の底が大きな岩でうめ尽《つ》くされていて、その壮大《そうだい》な景観《けいかん》から、国の名勝《めいしょう》・天然記念物《てんねんきねんぶつ》に指定《してい》されています。

この地形は、どのようにしてできたのでしょ

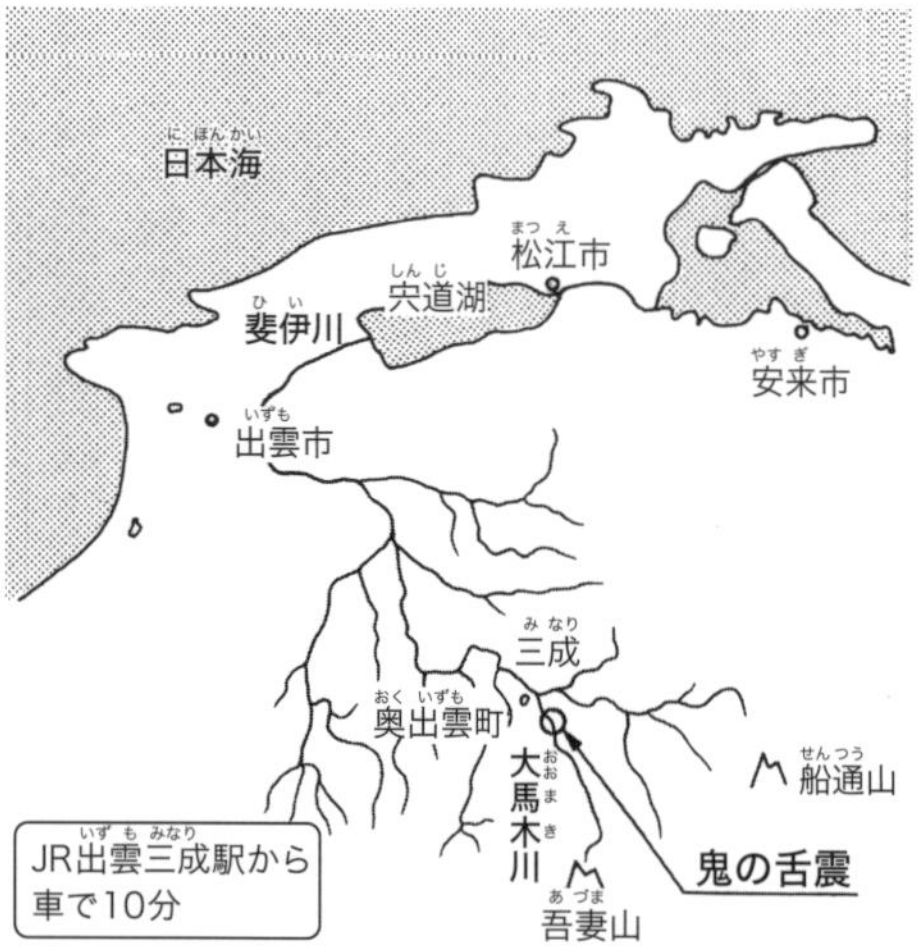

平《たい》らな面を持つ川底の巨岩《きょがん》

深い谷にかかるつり橋

う。

出雲《いずも》市内《しない》では川幅《はば》が５００m近くもあるとても広い斐伊《ひい》川《かわ》ですが、奥出雲町《おくいずもちょう》の出雲三成《みなり》駅辺《あた》りまで上《のぼ》っていくと、川幅が40mほどに狭《せま》くなります。河原《かわら》の小石も数cmから、十数cmのものが多く、斐伊川の河口《かこう》が砂《すな》ばかりだったのに比《くら》べると、ずいぶん様子《ようす》が違《ちが》います。

斐伊川の支流《しりゅう》である大馬木川《おおまきがわ》は、この辺りで斐伊川と合流します。

三成の町から大馬木川に沿《そ》って、さらに道をさかのぼっていくと、道は川と離《はな》れて急な上《のぼ》り坂《ざか》となり、その坂を2kmほど上った所に鬼の舌震の入り口があります。

案内板《あんないばん》にしたがって進んでいくと、まず高さ45m、長さ１６０mのつり橋がかかっています。歩くたびに少しゆれるので、怖いと感じる人もいるかもしれませんが、この橋で谷の深さを実感することができます。

橋を渡《わた》り、遊歩道を歩き始めるとすぐ、川底に大きな岩がごろごろ転《ころ》がっているのが見えてきます。

直径が10m以上もある巨大《きょだい》な岩です。重《おも》さは、数百トンにもなります。

さらに上流に上ると、岩が川底をうめ尽《つ》くし、水は岩の

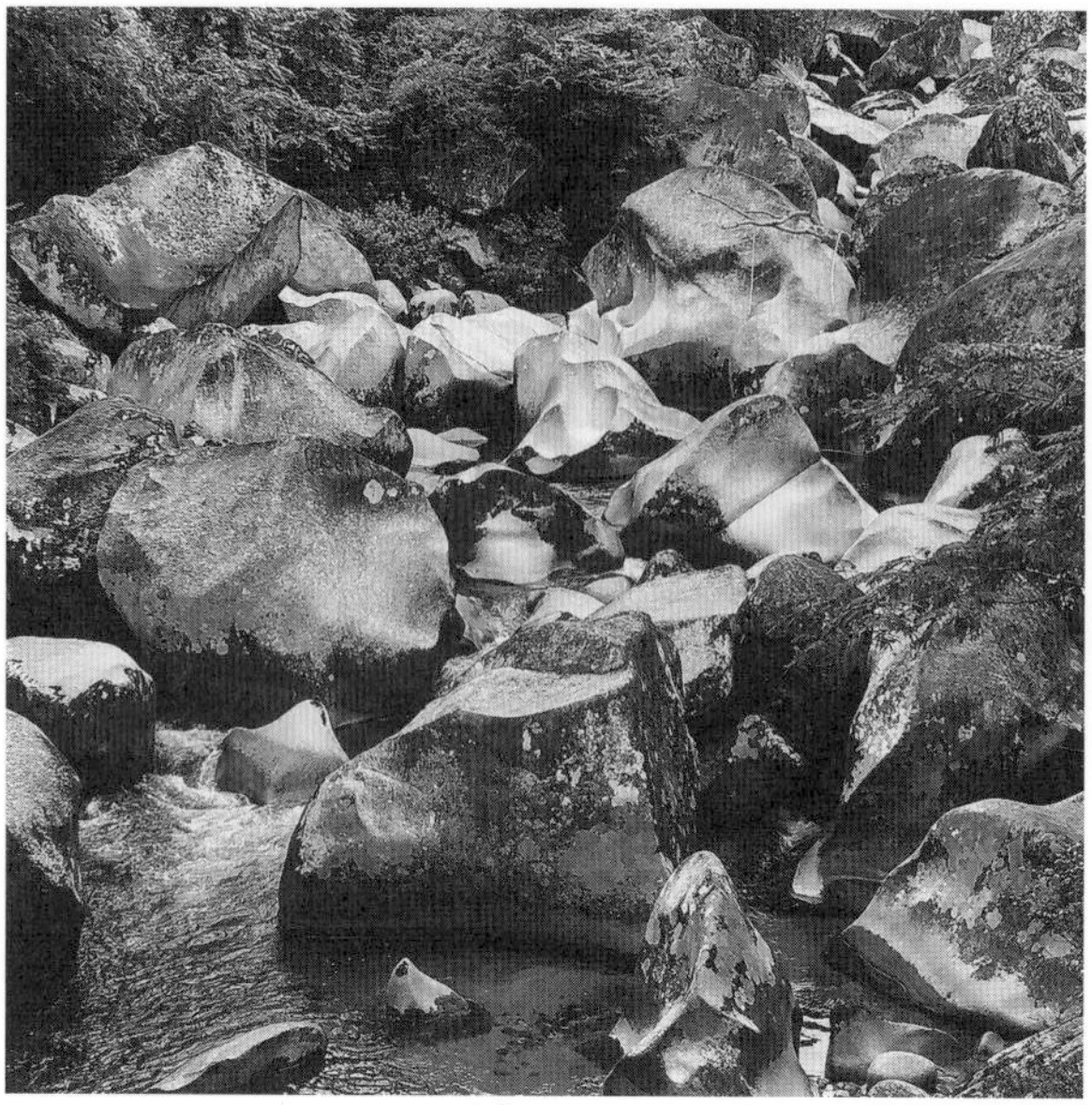

岩にうめ尽《つ》くされた川底

崖《がけ》と川底の岩

間をゴーゴーと音を立てて流れ、滝《たき》のようになっているところも見えます。そして右側の川岸には30mから40mもある急な岩壁《がんぺき》になっています。今、これから巨石《きょせき》がゴロゴロ川底に落ちていく途中《とちゅう》のような様子《ようす》も見ることができます。さらに上流はどのようになっているのでしょう。

「もっと大きな岩があるかもしれない」と思うかもしれませんが、実際《じっさい》にはそうではありません。

車に乗って大馬木川《おおまきがわ》をさらにさかのぼると、高尾という所に出ます。そこは、川の流れがゆるやかで、川底にも特別大きい石はありません。

なぜ鬼《おに》の舌震《したぶるい》だけにこんな巨大《きょだい》な岩があるのでしょう。それは、川底の傾《かたむ》きに原因《げんいん》がありま す。

深い谷になったわけ

大馬木川の川底の傾きを表《あらわ》したのが次の図で

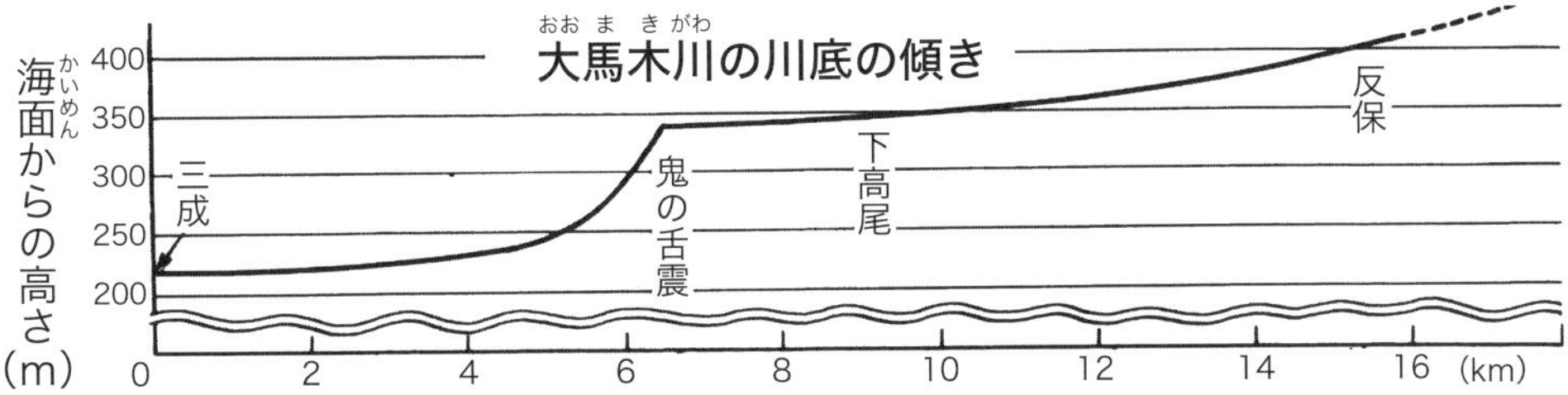

岩壁の岩が崩れ落ちるしくみ

す。鬼《おに》の舌震《したぶるい》のところが特別急になっています。このように一つの川の中で特別に急になっている場所を遷急点《せんきゅうてん》といいます。こういう場所は川の流れも非常《ひじょう》に速く、強い水の流れが川底をどんどん削《けず》り、深い谷ができるのです。

急流は川底だけでなく、岩壁《がんぺき》の根元《ねもと》もどんどん削ります。鬼の舌震の辺《あた》りは、花崗岩《かこうがん》という、節《せつ》理《り》（規則《きそく》正しい割《わ》れ目《め》）のある岩でできています。その根元が削られると上のモデル図のように、岩壁の上部の岩は、川底へと崩《くず》れ落ちてきます。こうして、鬼の舌震は、巨岩《きょがん》の続く珍《めずら》しい谷になったのです。

川底の岩をよく観察《かんさつ》すると、平《たい》らな面を持った岩がいくつも見られます。この平らな面は、岩が崩れ落ちる前、岩壁にくっついていた時の節理の面なのです。この面のあることも、岩が岩壁から崩れ落ちてきた証拠《しょうこ》なのです。

岩のへそ

大きな岩から目を水ぎわに向けると、また、面《おも》白《しろ》いものが見つかります。それは、岩に開いた穴《あな》です。よく探《さが》してみると大きい穴、小さい穴、浅いのや深いのなどいろいろ見られます。中には、岩のへそみたいな穴もあります。こんなきれいな穴がどうしてできたのでしょう。

　これは、水の力だけでできたのではありません。下の図を見てください。川底や川底の岩のわずかなへこみに、上流から小石が流れてきました。水の流れによって石はへこみの中でころころ動きます。その石のために川底はしだいに削《けず》られていくのです。へこみが深くなると、石はその中を水の流れによって転《ころ》げ回《まわ》ります。そのため、こんな丸い穴ができるのです。この穴のことを「おう穴《けつ》」といいます。

　このおう穴は一つの石が穴を削るのではなくて、大水《おおみず》などで石が流されては、また新しい石が入り、削り続けてできるのです。

　つまり、鬼《おに》の舌震《したぶるい》は、長い年月《ねんげつ》をかけて川がつくり出した地形です。

　川がつくった地形は、鬼の舌震の他《ほか》にも雲南《うんなん》

おう穴ができるまで
川底の岩のわずかなへこみに
小石が流れてくる
石はへこみの中でころころ動く。
そのために川底は次第《しだい》に
削られていく。
へこみが深くなると、石はその中を
水の流れによって転げ回る。
そして、おう穴ができる。

岩に開いた大きな穴「おう穴」

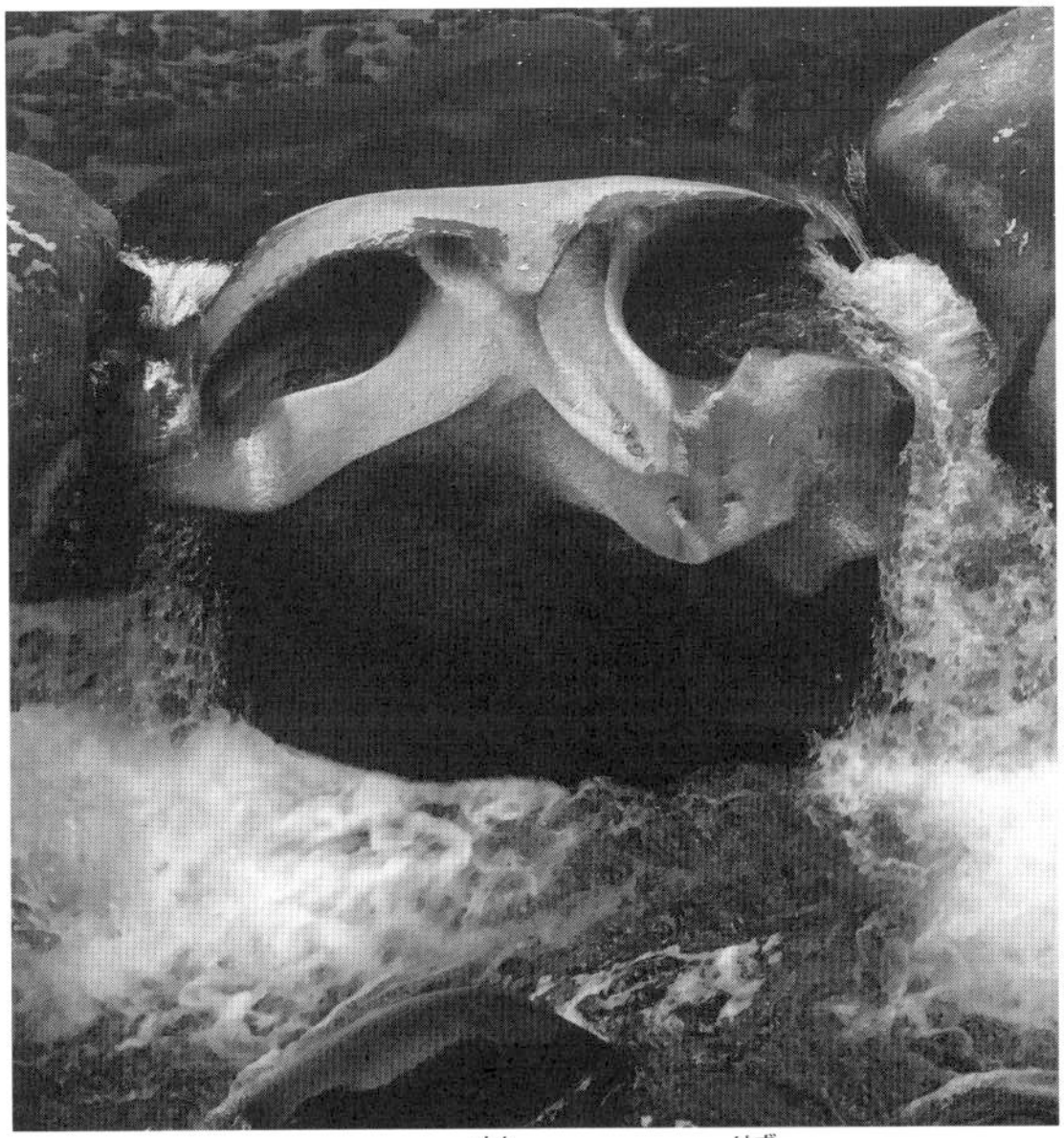

中に入った砂《すな》や石が岩を削《けず》る

市《し》の八重滝《やえだき》・龍頭ケ滝《りゅうずがたき》、邑智郡《おおちぐん》の断魚渓《だんぎょけい》、邑智郡と江津市《ごうつし》の千丈渓《せんじょうけい》など、まだまだたくさんあります。どの地形も、長い年月をかけて川の流れによって形を変え、そのような地形になったのです。

動物

清流《せいりゅう》の生き物たち

カジカガエル

様々《さまざま》な生き物がすむ清流

巨岩《きょがん》の下にもいろいろな動物が

鬼《おに》の舌震《したぶるい》の谷底に積《つ》み重《かさ》なっている巨大《きょだい》な岩《がん》石《せき》の間を、水がゴーゴーと流れています。

しかし、ところどころでは水がゆっくりとうずを巻《ま》き、水の中をよく見ると何かが動いているようです。そうです。このような急流《きゅうりゅう》にも、自分に適《てき》した場所を見つけていろいろな生き物が生活しているのです。

カワムツやウグイなどが岩かげの流れがゆるやかな場所で、食べるための昆虫《こんちゅう》が流れてくるのを、今か今かと待っています。

一方《いっぽう》、大きな岩の中央部にできたおう穴《けつ》にたまった水の中などでは、カジカガエルが見られることがあります。

このように澄《す》んだ水を好《この》む魚や、カエルなどの両生類《りょうせいるい》を見つけることができます。

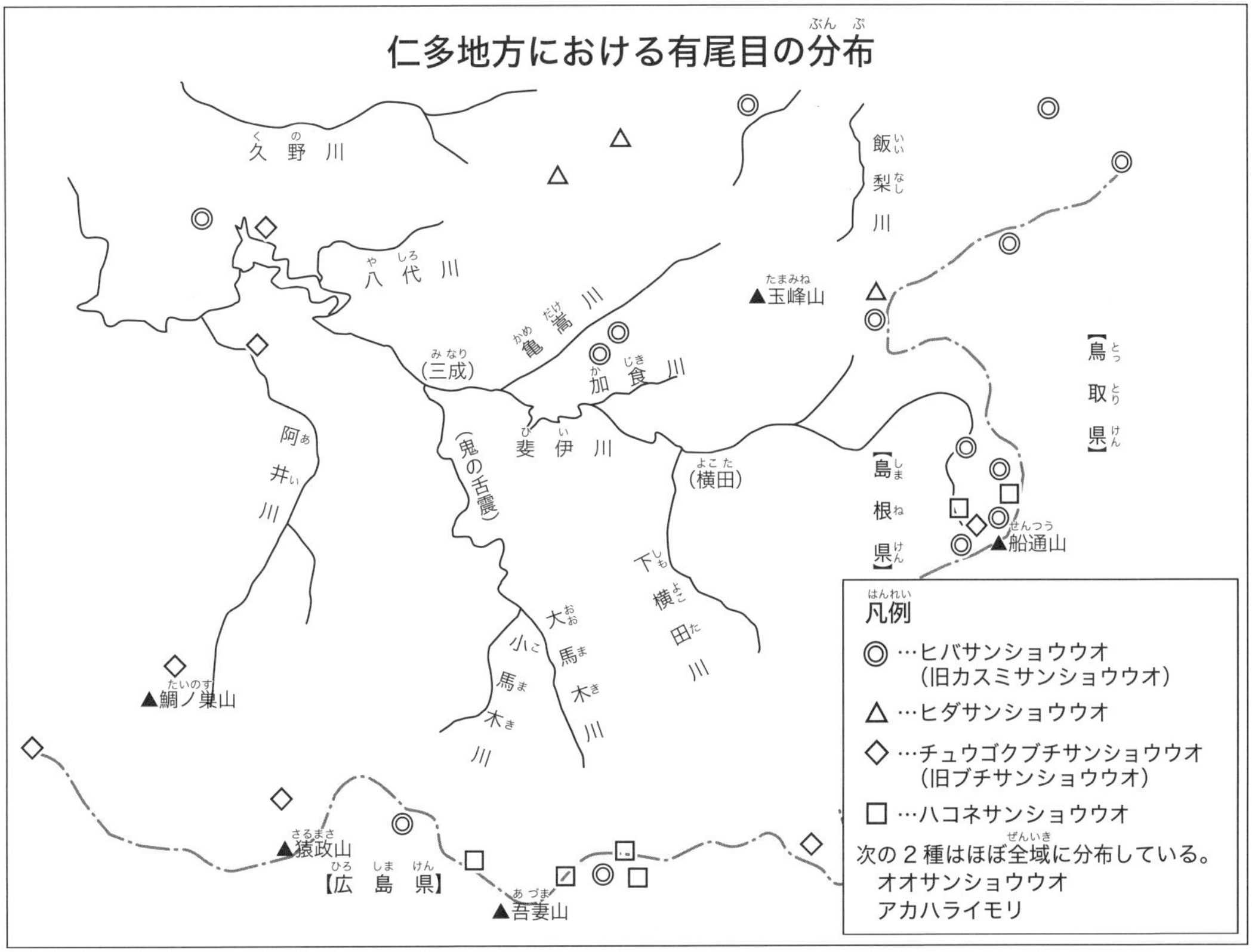

サンショウウオの仲間《なかま》

鬼《おに》の舌震《したぶるい》が位置する仁多《にた》地方は、カエルなどの尾《お》のない両生類《りょうせいるい》（無尾目《むびもく》）はもちろん、サンショウウオなどの尾のある両生類（有《ゆう》尾目《びもく》）もたくさんすんでいます。様々《さまざま》な種《しゅ》がすんでいるその多様性《たようせい》から、大変貴重《きちょう》な生息地《せいそくち》と言えます。

この中には、国の特別天然記念《てんねんきねん》物《ぶつ》に指定《してい》されたオオサンショウウオがいます。世界最大級《さいだいきゅう》の両生類であるオオサンショウウオの生態《せいたい》については、いまだによくわかっていません。２３００万年前の化石種《しゅ》とほぼ同じ姿《すがた》で「生きた化石」といわれています。

その他《ほか》に、ヒバサンショウウオやハコネサンショウウオなどの小型のサンショウウオもいますが、これらはアカハライモリとは大きさがあまり変わりません。どんな点に注意したら見分けることができるのでしょう。

水の上から見ただけでは、見分けることはなかなか難《むずか》しいですが、黒に近く、頭の前方《ぜんぽう》がとがって見えたらアカハライモリと思っていいでしょう。

もし、つかまえることができたらすぐにわかります。体の表面がざらざらとしていればアカハライモリで、ぬるぬるとした感じがすれば小型のサンショウウオです。おなかを見て、赤い見事《みごと》なまだら模様《もよう》が広がっていたら、アカハライモリに間違《まちが》いありません。

アカハライモリ（上）とヒバサンショウウオ（下）

小型のサンショウウオは、ふだんは森の中の石の下や落《お》ち葉《ば》の下にすみ、めったに見つけることはできません。しかし、

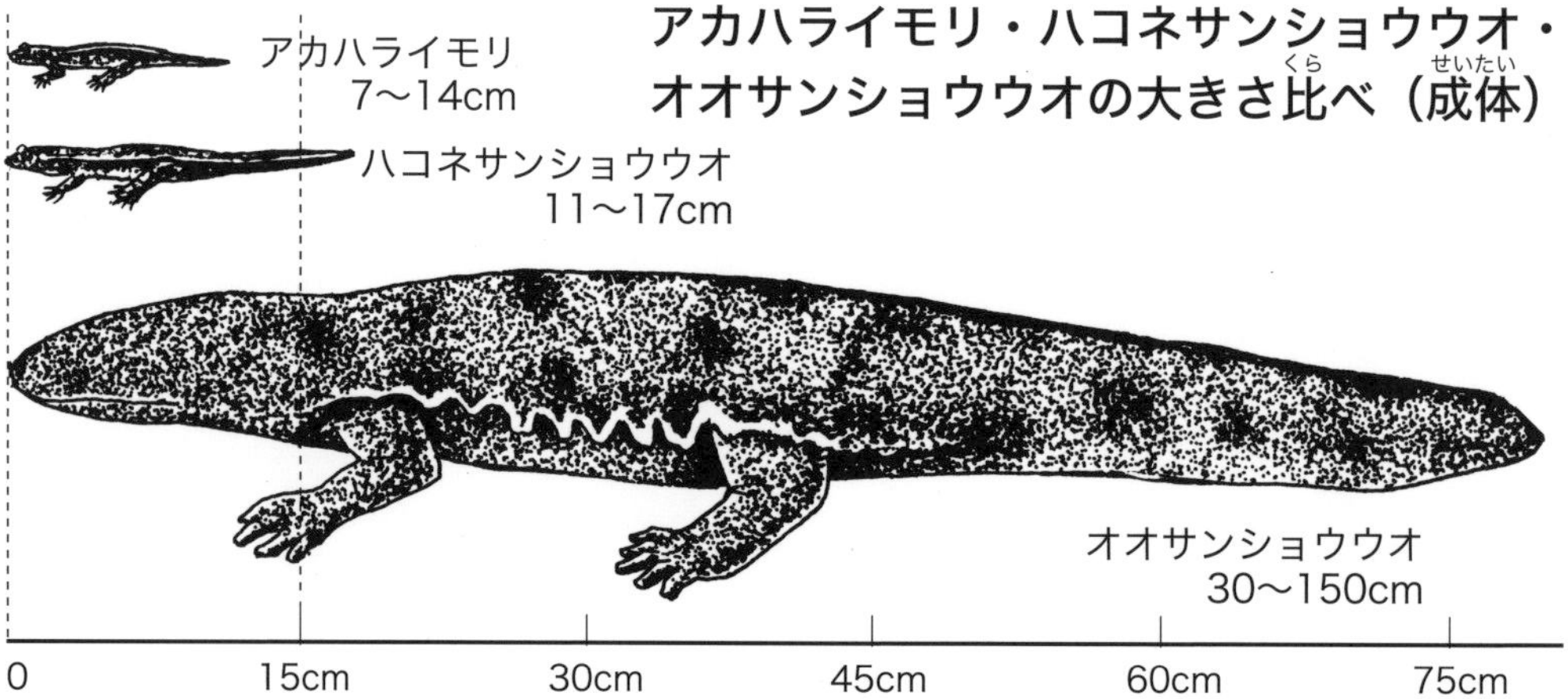

アカハライモリ・ハコネサンショウウオ・オオサンショウウオの大きさ比《くら》べ（成体《せいたい》）

サンショウウオの卵とカエルの卵の違い

<table>
<tr><th></th><th>トノサマガエル</th><th>ヒバサンショウウオ</th></tr>
<tr><td>卵の数</td><td>800
～3,000個</td><td>20～63個</td></tr>
<tr><td>つぶの大きさ</td><td>小さい
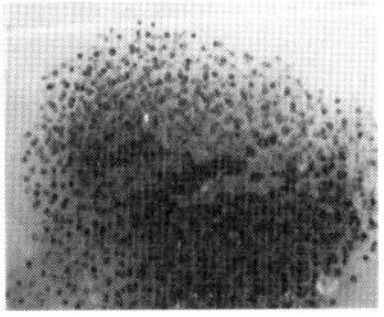</td><td>大きい
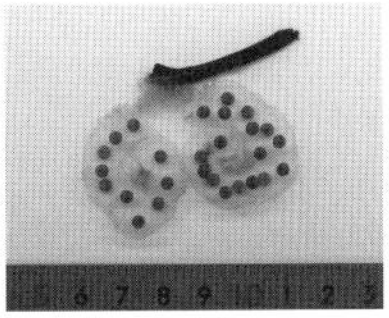</td></tr>
<tr><td rowspan="2">卵のう</td><td colspan="2">卵はかんてんのようなものに包《つつ》まれる。</td></tr>
<tr><td>固《かた》まっている。</td><td>筒《つつ》のようになっている。</td></tr>
</table>

ハコネサンショウウオの幼生

年に1回そのような場所からはい出して、卵《たまご》を産《う》むために水辺《みずべ》に集合します。その時が、これらのサンショウウオを見つけるチャンスです。

ヒバサンショウウオは、山あいの湿地《しっち》やゆるい流れの小渓流《しょうけいりゅう》の石の下や泥《どろ》の中に、ヒダサンショウウオとチュウゴクブチサンショウウオは小渓流の石の下に卵を産みつけます。卵を産む時期は、ヒバサンショウウオが12月から5月、ヒダサンショウウオが2月から4月、チュウゴクブチサンショウウオが3月から5月と、少しずつ違《ちが》っています。

サンショウウオの卵は、カエルの卵と似《に》ていますが、違《ちが》いをまとめると上の表のようになります。また、卵からかえったサンショウウオの幼生《ようせい》は体が細長くてふさふさした外エラがついているのが特徴《とくちょう》です。

オオサンショウウオを見つけた

国道314号を斐伊川沿《ひいかわぞ》いに上って、奥出雲町《おくいずもちょう》横田地域《よこたちいき》に入ると、道がJR木次線《きすきせん》の線路と交差《こうさ》

オオサンショウウオ

するところがあります。ここで斐伊川《ひいかわ》と合流しているのが加食川《かじきがわ》です。この川が流れる加食地区では、2010年に「天然記念物《てんねんきねんぶつ》オオサンショウウオ保存会《ほぞんかい》」を結成《けっせい》し、住民がオオサンショウウオの保護《ほご》活動に熱心《ねっしん》に取り組んで、オオサンショウウオの繁殖《はんしょく》も確認《かくにん》されています。

オオサンショウウオは夜行性《やこうせい》が強く、夜の間に狩《か》りに出かけていって、昼間は一匹《ぴき》ずつ、岩のかげや岸辺《きしべ》に開いた入り口の小さな穴《あな》の中に入りこんでじっとしています。

オオサンショウウオの色は、すんでいる川の石の色に似《に》ていて、場所によっては濃《こ》い茶色のものや、黄色っぽいうす茶色で黒いはん点がはっきりと見えるものなどいろいろあります。このように場所に似た色になることを保護《ほご》色と呼《よ》んでいます。また、成体《せいたい》の全長は最大《さいだい》で1m50cmにも達《たっ》します。

夏になると、オオサンショウウオは、繁殖場所を目指《めざ》し、ゆっくり川の中を上《のぼ》っていきます。夏の終わり頃には、メスが自然《しぜん》の土手《どて》の水面下《すいめんか》

オオサンショウウオの調査（八代川《やしろがわ》）

オオサンショウウオの観察会《かんさつかい》（加食川《かじきがわ》）

にある横穴《よこあな》で５００個ほどの卵《たまご》を産みます。オスはその卵が幼生《ようせい》になって巣穴《すあな》から旅立つまでの数カ月間、きちんと番をします。

巣立《すだ》った幼生《ようせい》のうち、ぶじに成体《せいたい》になれるのは数匹《ひき》ほどではないかと思われます。

最近《さいきん》では、ほとんどの川で、災害《さいがい》を防《ふせ》ぐために川の両岸《りょうがん》がコンクリートブロックで固《かた》められていますが、これはオオサンショウウオにとってはとてもすみにくい環境《かんきょう》です。

オオサンショウウオの保護《ほご》活動に取り組んでいる地区では、オオサンショウウオがすみやすいように環境を整えたり、人工《じんこう》巣穴を設置《せっち》したりしています。また、マイクロチップを使ってどのオオサンショウウオがどこにすんでいるのかをていねいに調査《ちょうさ》する活動も続けられています。

2 石見《いわみ》の自然をたずねて

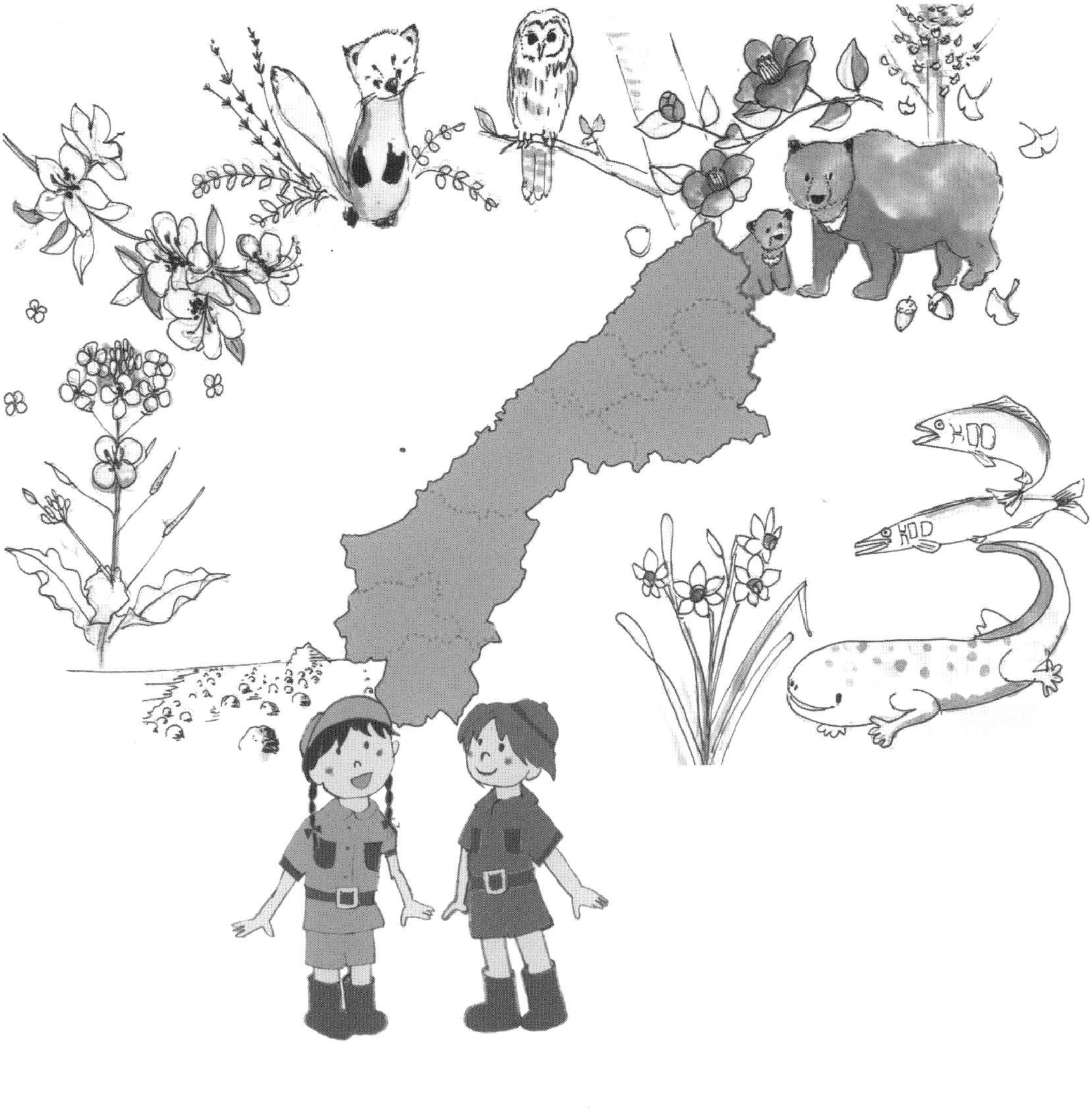

1

三瓶山《さんべさん》

大地

火を噴《ふ》いていた山

志学展望広場《しがくてんぼうひろば》から見た三瓶山

三瓶山の姿《すがた》

島根県《しまねけん》の中央にそびえる三瓶山は、国引《くにび》き神話《しんわ》の舞《ぶ》台《たい》にもなっている、島根を代表する山です。まずは少し離《はな》れた場所から、その姿を眺《なが》めてみましょう。三瓶山の南側にある志学展望広場《しがくてんぼうひろば》から見てみると、最《もっと》も標《ひょう》高《こう》の高い男三瓶《おさんべ》（１１２６ｍ）をはじめ、斜面《しゃめん》が急で、ドームのような形をした山々が集まっている様子《ようす》がよくわかります。このようなこんもりとした形は、溶岩《ようがん》ドームという火山《かざん》の特徴《とくちょう》です。溶岩ドームは粘《ねば》り気《け》のある溶岩によってつくられます。粘り気のある溶岩は、遠くに流れて行けないので、火口《かこう》の近くに盛《も》り上《あ》がるように固まっていきます。そのため、こんもりとした姿の山となります。三瓶山をつくる、粘り気のある溶岩が冷《ひ》えて固まってできた岩石《がんせき》は、「デイサイト」と呼《よ》ばれています。三瓶山を構成《こうせい》する男三瓶《おさんべ》、女三瓶《めさんべ》、

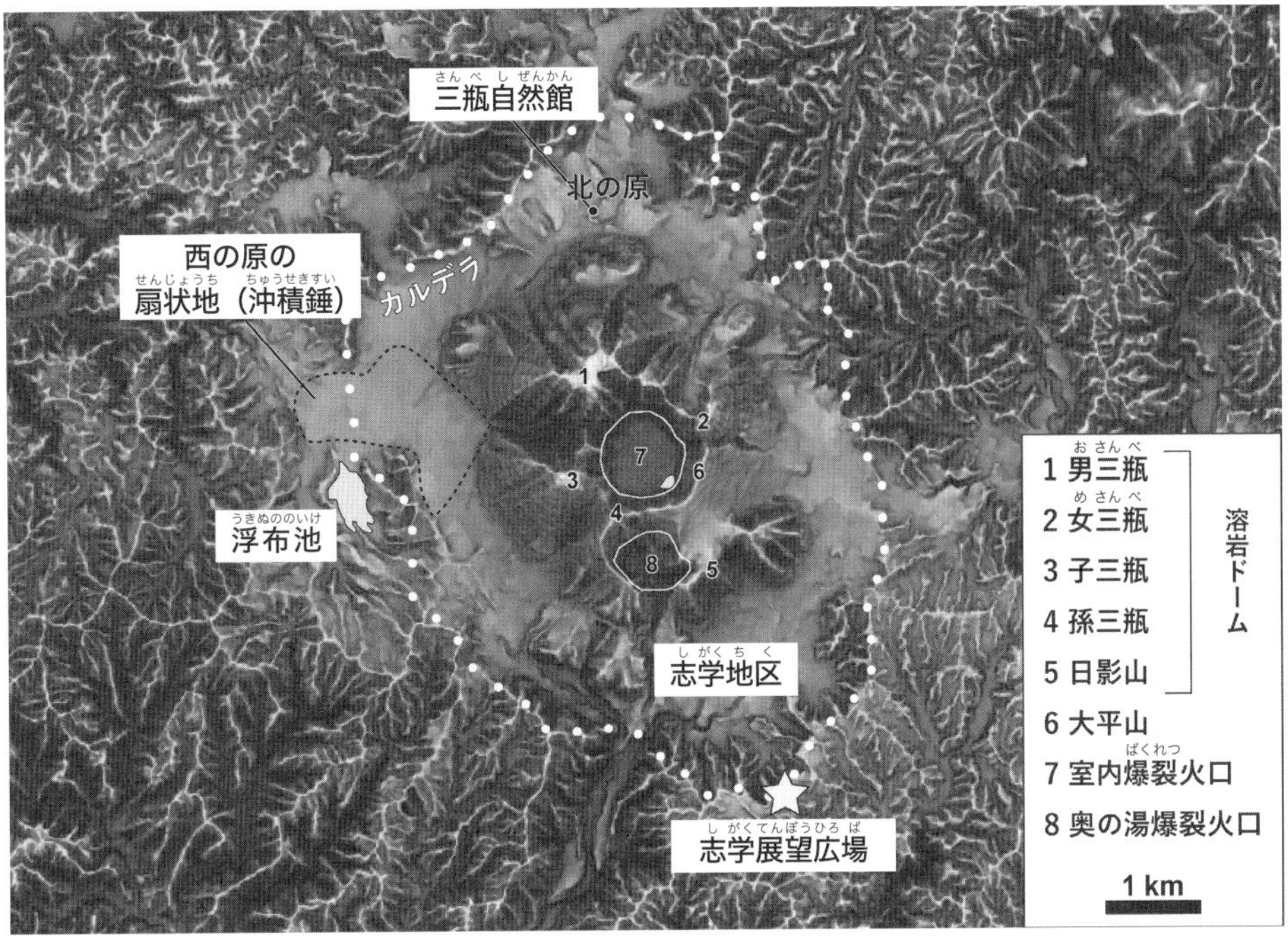

三瓶山とその周辺の地形

子《こ》三瓶《さんべ》、孫三瓶《まごさんべ》の4つの山は約5000年前と約4000年前の噴火《ふんか》でできました。日影山《ひかげやま》は約1万9000年前の噴《ふん》火《か》によってできた溶岩《ようがん》ドームです。こうした、こんもりとした溶岩ドームができたあと、爆発的《ばくはつてき》な噴火を起こしてできた火口《かこう》が室内《むろのうち》だと考えられています。そして、この噴火によって砕《くだ》けた溶岩の欠片《かけら》や火山灰《かざんばい》などが堆積《たいせき》してできたのが大平山《たいへいざん》です。

なお、三瓶山《さんべさん》が粘《ねば》り気《け》のある溶岩でできているのに対して、粘り気のない溶岩が噴火してできたのが、中海《なかうみ》にある平《たい》らな島の「大根島《だいこんしま》」（松江市八束町《まつえしやつかちょう》）です。粘り気のない溶岩は、火口から噴出《ふんしゅつ》すると、どんどんと流れていってしまい、その結果、火山の形は平らになります。サラダにかける調味料に例《たと》えるなら、三瓶山はマヨネーズ、大根島はドレッシングといったところでしょうか。

おおむね過去《かこ》1万年以内に噴火した火山と、現在《げんざい》も活発に噴気《ふんき》活動している火山を活火山《かっかざん》といいま

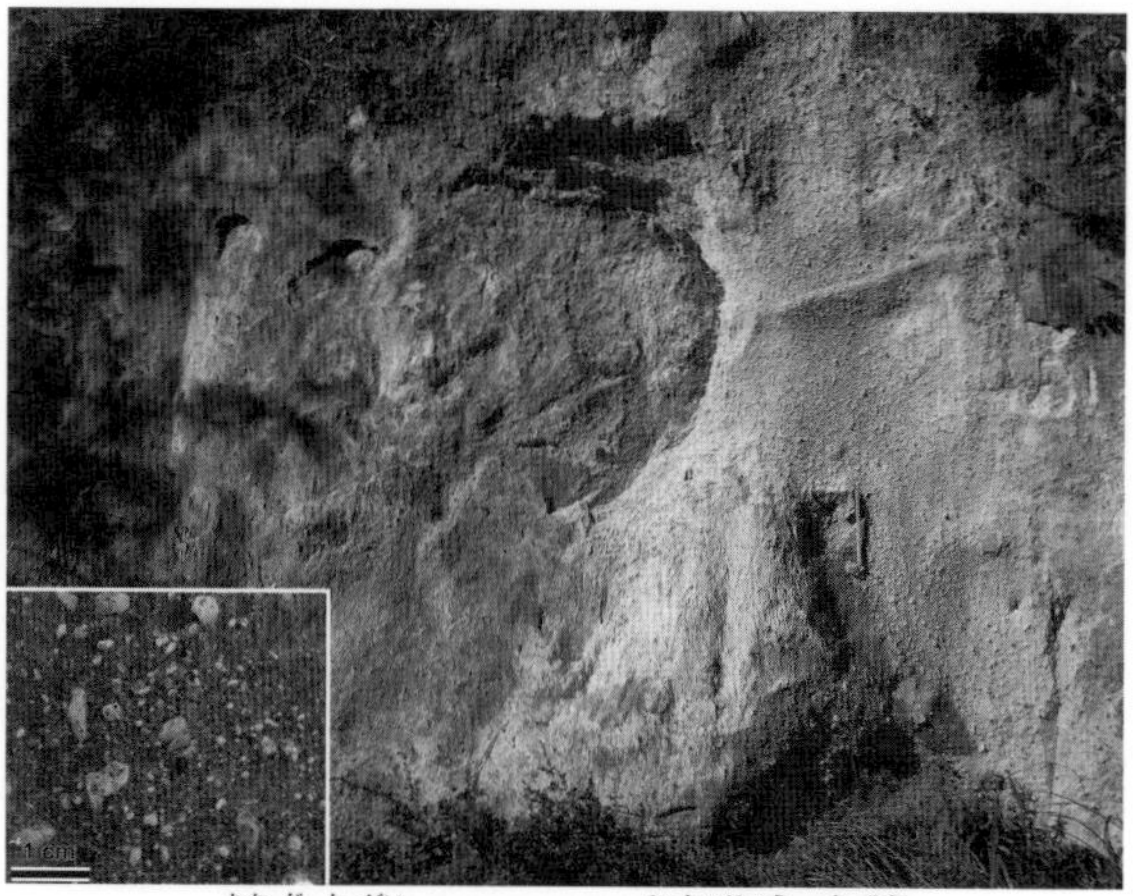

大田市街《おおだしがい》で見られる火砕流《かさいりゅう》の地層《ちそう》

す。４０００年前に噴火《ふんか》をした三瓶山《さんべさん》は、活火山《かっかざん》に指定《してい》されています。また、二酸化炭素《にさんかたんそ》が噴気《ふんき》する室内《むろのうち》にある鳥地《とりじ》獄《ごく》や三瓶温泉《さんべおんせん》は、三瓶山がまだ生きた火山であることを教えてくれています。三瓶山では、地下でマグマが活動することで発生《はっせい》する火山性地震《かざんせいじしん》といった現象《げんしょう》は、ほとんど確認《かくにん》されていないので、すぐに火山噴火が発生する可能性《かのうせい》は低いです。しかし、三瓶山はいつかまた噴火するかもしれない火山であることは知っておいてください。

次に、少し目線《めせん》を手前側《てまえがわ》に向けてみましょう。三瓶山と志学展望広場《しがくてんぼうひろば》の間に、志学の街並《まちな》みと田畑が広がるゆるやかな斜面《しゃめん》が見えるでしょうか。このゆるやかな斜面は、三瓶山の周《まわ》りをくるりと取《と》り巻《ま》いていて、直径約５㎞ほどのくぼ地のようになっています。このくぼ地は、大規模《だいきぼ》な火山の噴火でできた「カルデラ」という地形です。大量のマグマが一気《いっき》に地下から地表に噴《ふ》き出《だ》すと、マグマのあったところが空洞《くうどう》になってしまいます。そうなると、その上の地面が地下に落《お》ちこんで、くぼ地ができます。志学展望広場はカルデラの縁《ふち》（外輪山《がいりんざん》）に当

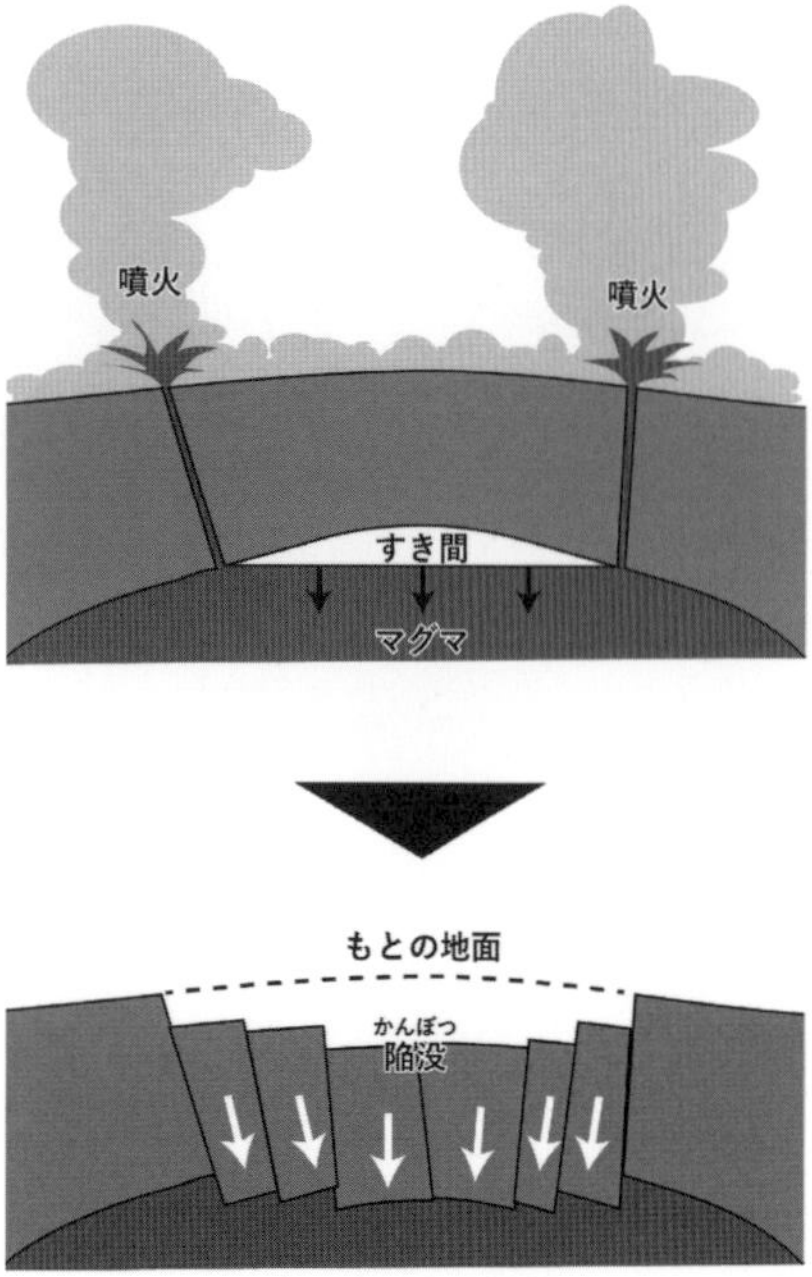

カルデラのでき方

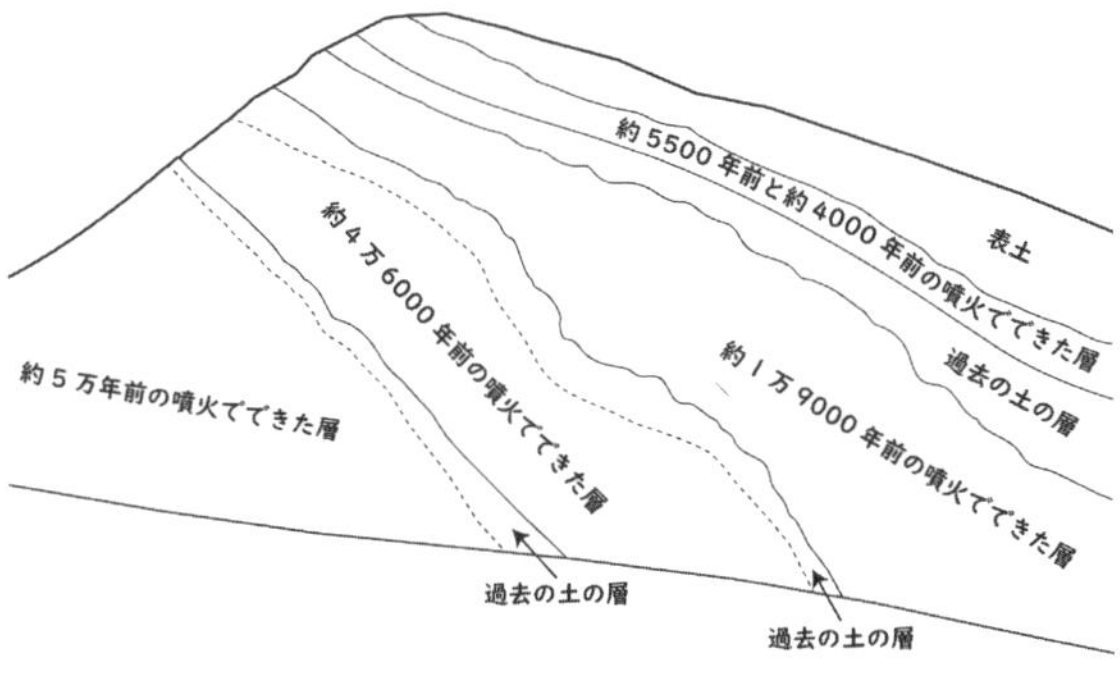

志学展望広場で見られる地層のスケッチ

志学展望広場で見られる地層

たります。現在《げんざい》の三瓶山《さんべさん》は、カルデラができた後の噴火《ふんか》によってできたものです。

地層《ちそう》から見る三瓶山と大地の成《な》り立《た》ち

大田市街《おおだしがい》では、白っぽい色の崖《がけ》がよく見られます。その厚《あつ》さは10m以上もあります。約5万年前、三瓶山は大噴火しカルデラができました。白っぽい色の崖は、この大噴火の時に発生《はっせい》した火砕流《かさいりゅう》（熱《あつ》い溶岩《ようがん》の欠片《かけら》や火山灰《かざんばい》、軽石《かるいし》などが火山ガスとともに斜面《しゃめん》を流《なが》れ下《くだ》る現象《げんしょう》）によって運ばれてきた軽石や火山灰です。

志学展望広場《しがくてんぼうひろば》は、地層《ちそう》の観察《かんさつ》にも絶好《ぜっこう》の場所です。広場の崖を見てみると、向かって左側には横方向に細《こま》かいしま模様《もよう》の入った地層が、その右側には色や粒《つぶ》の大きさの違《ちが》う層《そう》が斜《なな》めに重《かさ》なっている様子《ようす》が見えます。まずは左側の水平《すいへい》な地層から見てみましょう。

この地層は、大田市街に分布《ぶんぷ》する火山灰や軽石と同じ時期の、約5万年前の火山灰でできています。何度も噴火をくり返したことで、たくさんの層が積み重《かさ》なってできたようです。たくさんの層のうちの1枚に注目《ちゅうもく》して、手触《てざわ》りを確《たし》かめてみましょう。

火山豆石

層《そう》の下の方はザラザラ、上の方はサラサラの手触《てざわ》りで、下の方の粒《つぶ》が大きいようです。土砂《どしゃ》が堆積《たいせき》する時、大きい粒から先に沈《しず》むことで、層の下から上へ向かって粒が小さくなっていくことを級化《きゅうか》といい、水の中でできた地層《ちそう》によく見られます。この火山灰《かざんばい》は、湖《みずうみ》のような場所で堆積《たいせき》したようです。さらに地層をよく見てみると、殻《から》に包まれた丸い粒が見つかります。これは、火山灰が泥団子《どろだんご》のように集まってできたもので、「火《か》山豆石《ざんまめいし》」といいます。火山豆石は、火山噴火《かざんふんか》の噴煙《ふんえん》に何度も吹《ふ》き上げられるうちに、少しずつ大きくなってできたと考えられています。火山灰が塊《かたまり》となるには水が必要なので、噴火しているときに雨が降《ふ》っていたか、あるいは当時の三瓶山《さんべさん》の火口《かこう》には湖ができていたのかもしれません。

続いて、向かって右側の、斜《なな》めになった地層を見てみましょう。斜めにはなっていますが、水平《すいへい》な火山灰の層の上に重《かさ》なっています。

斜めになっているのは、山の斜面《しゃめん》に堆積したからです。浅い水辺《みずべ》で堆積した火山灰層はやがて侵食《しんしょく》を受けるようになり、山の斜面へと変化したようです。斜めの地層の一番下の層は、粘土《ねんど》のような手触りで、黒い炭のようなのが含《ふく》まれています。これは、火山が噴火しておらず、植物が生《は》えていた時期にできた土の層です。

そして、その上には白い粒《つぶ》が入った層《そう》が重《かさ》なっています。この層に入っている白い粒は軽石《かるいし》で、約4万6000年前の噴火《ふんか》時に生じた火砕流《かさいりゅう》によって運ばれてきました。そして、その上に土の層、約1万9000年前の火砕流の地層、土の層、約5500年前と約4000年前の火山灰《かざんばい》、一番上に現《げん》在《ざい》の土、というように層が重なって地層をつくっています。

このように、斜《なな》めの地層は火砕流などで運ばれてきた火山灰や軽石の層と、火山が噴火していなかった時期の土とが交互《こうご》に重なってできています。三瓶山《さんべさん》の歴史は、活発な時期とおとなしい時期をくり返しながら、現在まで続いていることがわかります。

崩れる土砂《どしゃ》がつくった埋没林《まいぼつりん》と地形

三瓶山周辺では、火口《かこう》から噴《ふ》き出《だ》した火山灰や軽石、溶岩《ようがん》だけではなく、山自体が崩《くず》れてできた土《ど》砂《しゃ》によってつくられた地形や地層も見ることができます。その代表例が、三瓶《さんべ》小豆原《あずきはら》埋没林です。三瓶山が噴火していた約4000年前、斜面《しゃめん》に厚《あつ》く積《つ》もっていた火山灰や溶岩の礫《れき》が崩《くず》れました。それらは土石流《どせきりゅう》となり、谷を流れ下《くだ》りました。この時の土砂が杉の森をうめることでできたのが、三瓶小豆原埋没林です。三瓶小豆原埋没林は、長い杉の木の幹《みき》が立木《たちき》の状態《じょうたい》で残っているのが特徴《とくちょう》で、中には高さ10mを超《こ》えるものもあります。これは、土石流によって運ばれた土砂が谷川をせき止めたことで天然《てんねん》のダムができ、そこに火砕流や川によって運ばれてきた土砂が厚く堆積《たいせき》し、杉の木を

三瓶小豆原埋没林

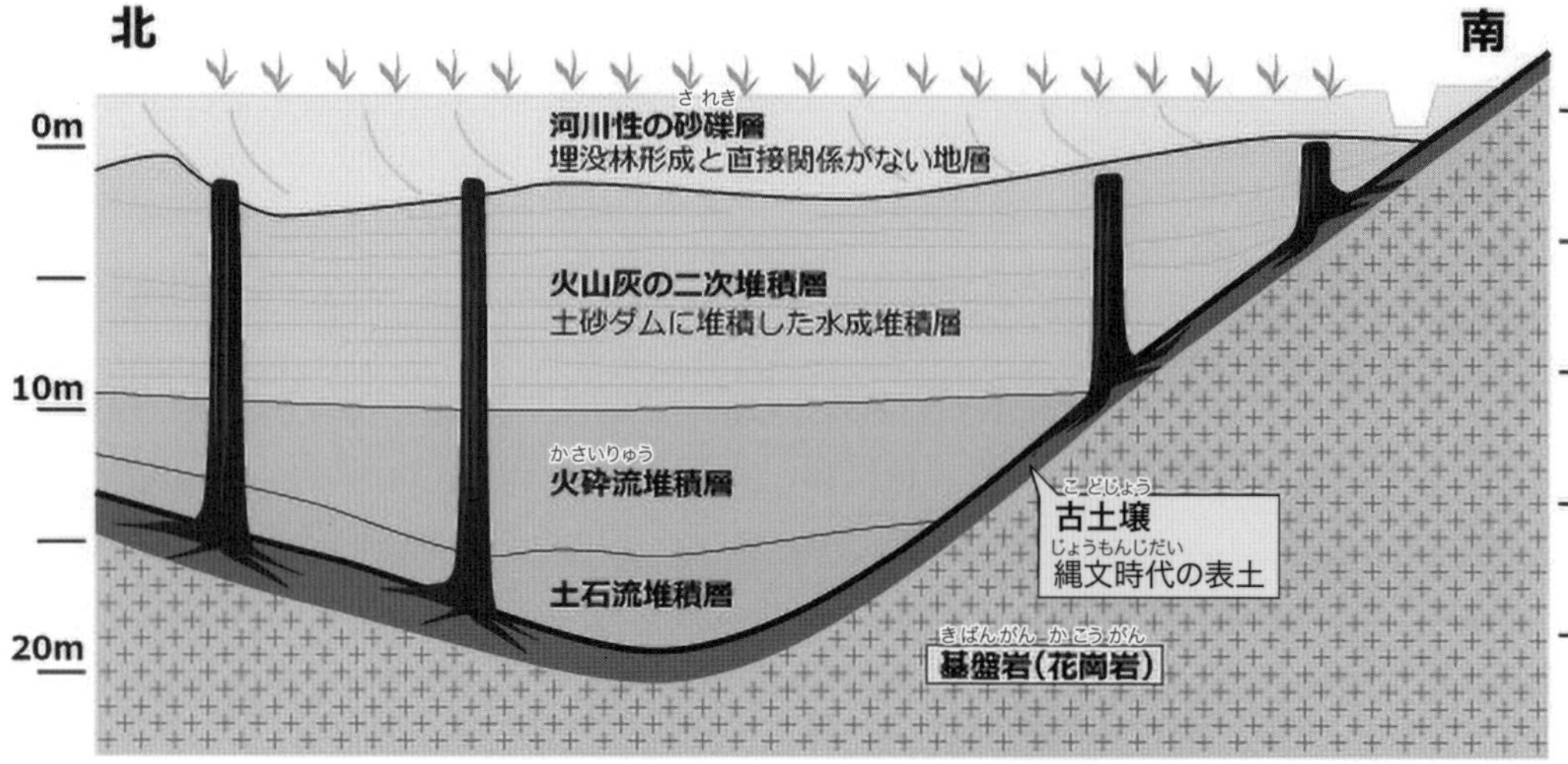

三瓶小豆原埋没林《さんべあずきはらまいぼつりん》をうめた地層の断面図《だんめんず》
（さんべ縄文《じょうもん》の森《もり》ミュージアム（三瓶小豆原埋没林公園）ホームページより引用《いんよう》）

うめたおかげで４０００年も残っていたのです。

また、三瓶山《さんべさん》の西の原も、三瓶山が崩《くず》れてできた地形です。西の原は、男《お》三瓶山と子《こ》三瓶山の間にある谷の出口に向かって標高《ひょうこう》はゆるやかに高く、そして幅《はば》は狭《せま》くなっています。上空《じょうくう》から見ると、西の原は扇形《おうぎがた》をしています。このような川や谷が山地から平地に流れ出る場所にできる扇形の地形を扇状地《せんじょうち》といいます。川や谷の流れは、山地から開けた場所に出るとゆるやかになります。そのため、川や谷に運ばれてきた土砂《どしゃ》が堆積《たいせき》するのです。西の原には、点々とデイサイトの塊《かたまり》が転《ころ》がっていますが、これらは土石流によって運ばれてきたものでしょう。西の原のように主に土石流《どせきりゅう》によってできた扇状地の中でも小規模《しょうきぼ》で比較的傾斜《ひかくてきけいしゃ》の急なものは沖積錐《ちゅうせきすい》とも呼《よ》ばれます。また、近くにある浮布池《うきぬののいけ》は、この西の原の扇状地によって川がせき止められてできました。

一方、三瓶自然館《さんべしぜんかん》の周辺に広がる北の原は、西の原に比《くら》べてデコボコとした地形をしています。この地形の違《ちが》いは、崩れた土砂のたまり方が関係しています。北の原は、山の斜面《しゃめん》が大きく崩《くず》れて、なだれ落ちてきた土砂《どしゃ》がたまってできました。崩れた土砂の中には大きな岩や山の一部が塊《かたまり》のまま含《ふく》まれていて、それらが地表に突《つ》き出《だ》しているため、北の原はデコボコとした地形となっています。

北の原にある姫逃池《ひめのがいけ》は、このデコボコのくぼみに雨水《あまみず》がたまることでできました。姫逃池には、湿地《しっち》に生育《せいいく》するカキツバタが自生《じせい》しており、島根県《しまねけん》の天然記念物《てんねんきねんぶつ》にも指定《してい》されています。このように、大地の成《な》り立《た》ちは自然環境《しぜんかんきょう》や生態系《せいたいけい》とも深いつながりがあるのです。

北の原の地形

西の原の地形

動物

多くの哺乳類《ほにゅうるい》が生息《せいそく》する三瓶山《さんべさん》

三瓶山の自然林

哺乳類とは、子どもが親から母乳《ぼにゅう》をもらって育つ動物のことで、私《わたし》たちヒトも含《ふく》まれています。島根県内《しまねけんない》の陸上《りくじょう》に生息する哺乳類は約40種《しゅ》で、このうち三瓶山周辺では30種ほどが確認《かくにん》されています。県内に生息する哺乳類の多くが三瓶山で見られるのは、ここに多様《たよう》な環境《かんきょう》があるからです。

三瓶山にはブナやミズナラなどからなる自然林、スギやヒノキが人手《ひとで》で植えられた人工《じんこう》林《りん》、溶岩《ようがん》がむき出しになった崩壊地《ほうかいち》、牛を放《ほう》牧《ぼく》するなどしてできた草原、姫逃池《ひめのがいけ》や浮布池《うきぬののいけ》などの水辺《みずべ》の環境、そして民家や田畑《たはた》がある集落など多様な環境が存在《そんざい》しています。哺乳類は種《しゅ》によってすみかやエサを探《さが》す場所が違《ちが》うため、いろいろな環境がある三瓶山は、多くの哺乳類が生息するのに適《てき》した場所なのです。それでは三瓶山に生息する代表的な哺乳類について見ていきましょう。

チョウセンイタチ（上）とニホンイタチ（下）

アナグマ（左）とテン（右）

イタチの仲間《なかま》

三瓶山《さんべさん》には4種《しゅ》のイタチの仲間が生息《せいそく》しています。体重《たいじゅう》が重《おも》い順にアナグマ、テン、チョウセンイタチ、ニホンイタチです。夜《や》行性《こうせい》で人を怖《こわ》がるため、なかなか姿《すがた》を見ることはできませんが、彼《かれ》らが残した痕跡《こんせき》をみつけることはよくあります。アナグマは森の中の斜面《しゃめん》に巣穴《すあな》を掘《ほ》って生活しています。雑食《ざっしょく》で、地面の中のミミズや昆虫《こんちゅう》、果実《かじつ》や根茎《こんけい》などを食べます。鼻先を地面に突《つ》っ込《こ》んで臭《にお》いを嗅《か》ぎながらエサを探《さが》す姿をみることがあります。

テンは木登《きのぼ》りが得意《とくい》で木の洞《ほら》や屋根裏《やねうら》などをねぐらとします。夏と冬では毛の色が違《ちが》い、夏は顔が黒いですが、冬になると白くなり別の動物のように見えます。三瓶山の登山道《とざんどう》を歩いていると、石の上など高い場所にテンの糞《ふん》が落ちています。これは自分の縄《なわ》張《ば》りを主張《しゅちょう》するために、周《まわ》りより一段《いちだん》高いところに糞をする習性《しゅうせい》があるためです。糞を観察《かんさつ》すると食べたものが入っていて、春はムカデや昆虫が多く、夏は野イチゴや昆虫、秋はサルナシやアケビの種《たね》が、冬は柿《かき》の種、鳥や哺乳類《ほにゅうるい》の毛が確認《かくにん》できます。

チョウセンイタチとニホンイタチは前者《ぜんしゃ》が外国《がいこく》から来た生物で後者《こうしゃ》が元から日本にいた種《しゅ》になります。チョウセンイタチは毛皮《けがわ》用にユーラシア大陸《たいりく》から持ちこまれたものが野生化《やせいか》し、三瓶山周辺では標高《ひょうこう》の低い大田市街地《おおだしがいち》に近い場所に多く生息《せいそく》しています。一方、ニホンイタチはチョウセンイタチとの競合《きょうごう》が心配されていますが、三瓶山《さんべさん》では岩が突《つ》き出《で》た谷沿《ぞ》いなど人手《ひとで》があまり加《くわ》わっていない場所にいます。

ヌタ場で泥浴びをするイノシシ

イノシシが作った貴重《きちょう》な水場《みずば》

三瓶山の標高《ひょうこう》は１１２６ｍですが、島根県立三瓶自然館《しまねけんりつさんべしぜんかん》のある標高約５５０ｍより高い場所には川がありません。これは三瓶山の地面は隙間《すきま》が多いため、降《ふ》った雨がすぐにしみこんでしまうからです。三瓶自然館近くの森林には岩《いわ》はだから水がしみ出している場所があります。ここには夜間、イノシシがやってきてゴロゴロと転《ころ》がり回《まわ》ります。これはヌタ打ちといって、体についたマダニなどの寄生虫《きせいちゅう》をとるために、湿《しめ》った場所に体をすりつけ泥浴《どろあ》びをしているのです。何度もイノシシがヌタ打ちをするうちにくぼみができ、直径２ｍほどの大きなヌタ場(お風呂《ふろ》)となりました。

この場所に自動撮影《さつえい》カメラを設置《せっち》して年間を通じて撮影《さつえい》をしてみました。夜間は水を飲みに来たと考えられる哺乳類《ほにゅうるい》が多く撮影され、アナグマ、タヌキ、テン、ニホンイタチ、アカネズミ、キクガシラコウモリ、テングコウモリ、コテングコウモリが、また、夜行性《やこうせい》の鳥類であるフクロウも確認《かくにん》できました。日中は水浴びに来た鳥類が多く、アカショウビン、アオゲラ、ヒヨドリ、ツグミ、トラツグミ、クロツグミ、シロハラ、マミチャジナイ、オオルリ、ヤマガラ、シジュウカラ、アトリ、イカル、カケスが写《うつ》っていました。

このようにイノシシのヌタ場は他《ほか》の多くの動物が生きていくのにも使われていることがわかります。イノシシは畑や田んぼを荒らす害獣《がいじゅう》としての側面《そくめん》ばかりが取り上げられますが、自然界では他の生き物たちといろいろなつながりを持っていることがわかります。

夜間、ヌタ場に集まる哺乳類《ほにゅうるい》（複数枚《ふくすうまい》の写真《しゃしん》を合成《ごうせい》して作成《さくせい》）

水浴《みずあ》びをする鳥類。
オオルリ（左上）シロハラ（右上）
ツグミ（左下）カケス（右下）

モグラ

北の原や西の原などの草原では、モグラ塚《づか》がよくみられます。モグラ塚とは、モグラが地中にトンネルを作った際《さい》にかき出した土が盛《も》り上《あ》がったものです。できたばかりのモグラ塚から５ｍほど離《はな》れ

コウベモグラがトンネルを掘《ほ》ってかき出した土盛《つちも》り（モグラ塚《つか》）

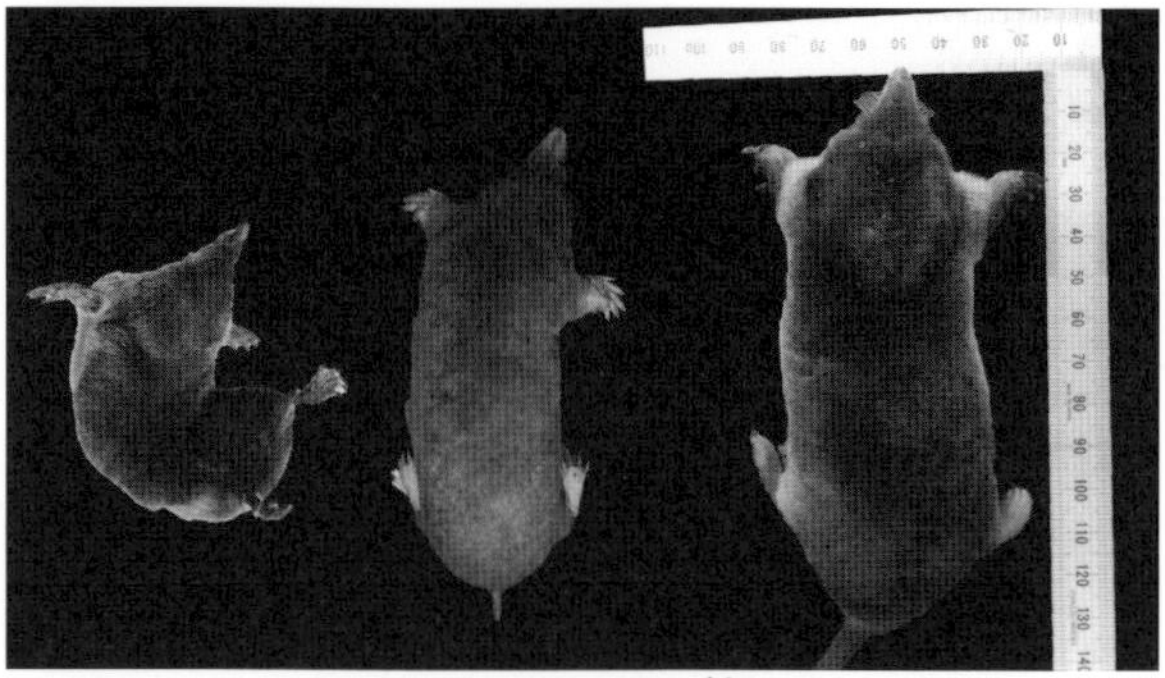

モグラ類の大きさ比《くら》べ
ミズラモグラ（左）アズマモグラ（中）コウベモグラ（右）

てじっと動かないでいると、土をかき出《だ》しているモグラが見られることがあります。三瓶《さんべ》山《さん》ではこれまでに3種《しゅ》の真性《しんせい》モグラ類（完全《かんぜん》に地面の中で生活するモグラのこと）が確認《かくにん》されています。体が大きいものから順にコウベモグラ、アズマモグラ、ミズラモグラといいます。通常《つうじょう》、モグラは他《ほか》の種《しゅ》を追い出す性質《せいしつ》があり、同じ場所に1種しかいないことがほとんどです。日本にはもともと、アズマモグラがすんでいましたが、後になってユーラシア大陸《たいりく》からより大型で力の強いコウベモグラが入ってきたといわれています。現在《げんざい》でも、西日本《にしにほん》に分布《ぶんぷ》する後者《こうしゃ》が、東日本《ひがしにほん》に分布する前者《ぜんしゃ》をどんどん東へと追いやっているとされています。このせめぎ合いの境界線《きょうかいせん》は現在、静岡県《しずおかけん》・長野県《ながのけん》の辺《あた》りにあり、日本列島《れっとう》では二者の大合戦《だいがっせん》が起きているといわれています。さらに不思議《ふしぎ》なことに、これらの2種に加えて、三瓶山《さんべさん》ではミズラモグラが確認されています。ミズラモグラは青森県《あおもりけん》から島根県《しまねけん》までの間で、ところどころで見つかっている珍《めずら》しいモグラで、島根県では三瓶山のみで確認されています。

三瓶山《さんべさん》でこれらのモグラがどのように暮《く》らしているのかは謎《なぞ》で、今後、明《あき》らかにされることが望《のぞ》まれます。

シカが現《あらわ》れた！

三瓶山ではこの数年、ニホンジカ（以下《いか》、シカ）の目撃《もくげき》が相次《あいつ》いでいます。ちょっと前までは生息《せいそく》していなかったのですが、中国山地にいる個体群《こたいぐん》が分布《ぶんぷ》を広げてやって来たようです。山中に設置《せっち》した自動撮影《じどうさつえい》カメラにはメスジカが写っていました。また、秋になると「ヒィーヨォー」と大きな声が聞こえてきます。これはラッティングコールといってオスが発する求愛《きゅうあい》のための音声《おんせい》です。このように三瓶山ではオスとメスが目撃されていることから、春に仔《こ》ジカが産まれていると推測《すいそく》されています。

三瓶山で撮影《さつえい》されたシカ(メス)=2020年11月11日撮影

島根県《しまねけん》では長い間、シカの個体数が少なく県の絶滅危惧《ぜつめつきぐ》種《しゅ》に指定《してい》されていました。しかし、最近《さいきん》になって個体数が増《ふ》えてきたため、２０１４年に絶滅危惧種からは除外《じょがい》されました。シカの個体数が増える原因《げんいん》として、ニホンオオカミという強力な捕食者《ほしょくしゃ》がいなくなってしまったこと、農林業など中山間地域《ちゅうさんかんちいき》での人間活動が衰退《すいたい》していることなどが挙《あ》げられます。シカは植物食の動物で、ササやイネ科の草、リョウブ、スギ、ヒノキといった色々《いろいろ》な植物の葉や皮などをエサとしています。シカが増えすぎた地域ではその頭が届《とど》く高さ約２ｍまでの植物の葉は食べ尽《つ》くされてしまいます。そしてシカが嫌《きら》う、アセビやワラビなどの植物だけが生《お》い茂《しげ》る独特《どくとく》の世界となっていきます。もし今後、三瓶山でシカが増《ふ》えすぎてしまうと、草原や森林の景観《けいかん》が大きく変わってしまうと予想されています。

まめ手帳

島根県立三瓶自然館《しまねけんりつさんべしぜんかん》サヒメル

島根県立三瓶自然館サヒメルは、1991年に、三瓶山の中腹《ちゅうふく》にオープンしました。島根県内の自然について学べる博物館で、たくさんの動物の剥製《はくせい》、化石や岩石《がんせき》、三瓶火山《かざん》の歴史や、その噴火《ふんか》でうもれた三瓶小豆原《さんべあずきはら》埋没林《まいぼつりん》などについて展示《てんじ》してあります。プラネタリウムや県内の自然を写《うつ》した大型映像《えいぞう》なども上映《じょうえい》しています。

また、国立公園三瓶山地区を訪《おとず》れる人たちに情報を伝えるビジターセンターでもあります。館内の展示だけでなく、屋外には遊歩道《ゆうほどう》などもあり、季節の草花や動物たちの痕跡《こんせき》などを見ることができます。サヒメルは愛称《あいしょう》で、三瓶山の古い名である佐比売山《さひめやま》と、手紙を意味するメールとを組み合わせてつけられました。

展示室《てんじしつ》の様子《ようす》

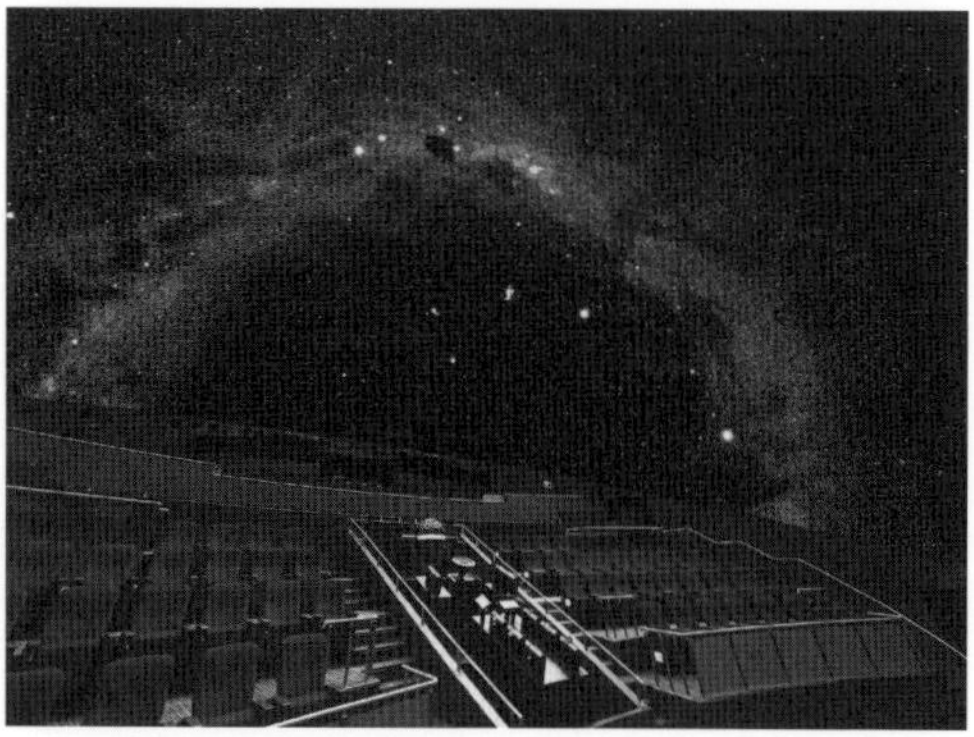

プラネタリウム

三瓶山西の原の草原

くらし

三瓶山《さんべさん》の草原と生き物

気持ちのよい風景《ふうけい》

三瓶山のなだらかな山麓《さんろく》は、ドライブコースとして、遠足やハイキングの行き先として人気があります。周囲の木々に覆《おお》われた緑のトンネルを走っていると、ときおり視界《しかい》が開けて、広《こう》大《だい》な草原の風景に出会《であ》うことがあります。広々《ひろびろ》として眺《なが》めが良く、吹《ふ》き抜《ぬ》ける風は心地よく、多くの人たちが散歩《さんぽ》をしたりお弁当を食べたりしています。また、牛が放牧《ほうぼく》されている場所もあり、もぐもぐと草を食《は》んでいます。学校や家の周《まわ》りでは、このような景色《けしき》を見る機会はあまりないと思いますが、三瓶山ではどうして見られるのでしょうか。

人々の暮《く》らしと草原

かつて三瓶山の大部分は、草原に覆われていました。その当時は、耕運機《こううんき》などの農耕機具《のうこうきぐ》はなく、牛や馬を使って田んぼを耕《たがや》していました。それ以外の時期には、三瓶山《さんべさん》の草原に放《はな》しておいて、牛は自分で草を食べて暮《く》らしていました。そのころは何千頭もの牛が放牧《ほうぼく》されていたそうです。

また当時は、化学肥料《かがくひりょう》が普及《ふきゅう》しておらず、三瓶山の草を刈《か》って田んぼにすきこんだり、牛の糞《ふん》と混《ま》ぜて堆肥《たいひ》を作っていました。放牧しない時期には家で牛を飼《か》いますが、その時の牛のエサも草原から刈ってきた草を使いました。瓦《かわら》が普及《ふきゅう》しておらず、家の屋根《やね》は周辺の茅《かや》を使って覆《おお》っていました。いわゆる茅葺《かやぶ》きの屋根です。このように、三瓶山の草原は、地域《ちいき》の人々が暮らすために必要な場所として、長い間大切にされていました。草原は山全体に広がっていて、三瓶山が国立公園《こくりつこうえん》に編入《へんにゅう》された理由の一つが、人々の生活と牛たちがつくった牧歌的《ぼっかてき》な草原景観《そうげんけいかん》でした。

ところが、農耕機具《のうこうきぐ》が広がり、化学肥料や瓦屋根が普及すると、草原に牛を放したり草を刈ったりすることが減《へ》り、草原は少なくなっていきました。それでも三瓶山の山麓《さんろく》には、当時の面影《おもかげ》を残すよ

現在《げんざい》の放牧の様子《ようす》

昔の三瓶山（左が子三瓶山《こさんべ》）

現在の様子

カワラナデシコ

レンゲツツジ

うに、現在《げんざい》も草原が点々と残っています。

草原を彩《いろど》る草花

社会の変化に伴《ともな》い草原は減《へ》ってしまい、現在では、西の原、東の原、北の原と呼《よ》ばれる三ヵ所に残るのみとなりました。それでもこれらの場所では、草原ならではの草花が咲《さ》いています。春を代表する花がオキナグサやレンゲツツジです。これらは毒《どく》のある植物であり、放牧《ほうぼく》が盛《さか》んだったころでも牛に食べ残されてきたため多く見られました。春先に三瓶山《さんべさん》のあちこちでオレンジ色のレンゲツツジが咲く様子《ようす》は、とてもきれいな景色《けしき》でしたので、大田《おおだ》市《し》を象徴する市の花に選ばれました。

夏になると、ユウスゲがレモンイエローの花を咲かせますが、夕方になると咲くという変わった性質《せいしつ》を持っています。秋には、カワラナデシコ、オミナエシ、キキョウなど、色とりどりの花が見られます。これらは、「秋の七草《ななくさ》」と呼ばれ、万葉集《まんようしゅう》の中で山上憶良《やまのうえのおくら》が詠《よ》んだ二つの和歌《わか》、「秋の野に　咲きたる花を　指折《および》り　かき数ふれば　七種《ななくさ》の花」、「萩《はぎ》の花　尾花葛花《おばなくずはな》　撫子《なでしこ》の花　女郎花《おみなえし》　また藤袴《ふじばかま》　朝顔《あさがお》の花」がもとになっています。萩はヤマハギの仲間《なかま》、尾花はススキ、葛花はクズ、撫子はカワラナデシコ、女郎花はオミナエシ、藤袴はフジバカマ、朝顔の花はキキョウが、一般的には当てはめられます。三瓶山《さんべさん》では秋の七草《ななくさ》のうち、フジバカマをのぞいた六つを見ることができます。近年では、秋の七草が見られる場所は少なくなっていますので、貴重《きちょう》な場所といえるでしょう。秋が深まってくると、秋の七草の一つであるススキが白銀色《しろがねいろ》の穂《ほ》をつけて、美しい風景をつくり出します。

草原に暮《く》らす動物たち

草原にはきれいな草花だけでなく、特徴的《とくちょうてき》な動物たちも暮らしています。草原の上空《じょうくう》ではヒバリやセッカなどの鳥が賑《にぎ》やかにさえずります。草むらの中で姿《すがた》をみつけることは難《むずか》しいのですが、カヤネズミがすんでいます。体長は5～7cm、体重《たいじゅう》は7g前後で、とても小さなネズミです。このネズミは、ススキなどの細長い葉の先を集めて編《あ》んで、ソフトボールくらいの丸い巣をつくり、その中で子育てをします。

ススキの草原

カヤネズミ（剥製《はくせい》）

ダイコクコガネ

オキナグサ

火入れの様子《ようす》

三瓶山《さんべさん》の草原に暮らす生き物の中でも、ダイコクコガネはユニークな暮《く》らしをする昆虫《こんちゅう》です。体長が25㎜くらいの甲虫《こうちゅう》で、オスは頭に大きな角《つの》を持っています。牛などの動物の糞《ふん》に集まり、土の中に掘《ほ》った穴《あな》に糞を運んで丸め、幼虫《ようちゅう》のエサとします。三瓶山では昔からたくさんの牛や馬が放《はな》されていたため、牛の糞を食べる虫たちが暮らすのに、良い環境《かんきょう》でした。最近《さいきん》では、放牧《ほうぼく》される牛が少なくなってきていて、ダイコクコガネの数は減《へ》っています。

草原を守る取り組み

日本は比較的暖《ひかくてきあたた》かくて雨が多い気候《きこう》であるため、多くの場所は放《ほう》っておくと森林へと移《うつ》り変わります。裏山《うらやま》などで草刈《くさか》りをせずに放っておくと、数年後にはヤブになってしまうようにです。三瓶山では、牛を放したり、草刈りをしたり、火を入れて燃《も》やしたりしながら、人々の生活に必要な草原を残してきました。現在《げんざい》でも放牧が行われていたり、枯《か》れ草《くさ》を燃やしたりしている場所もあります。草原を燃やすことは、「火入れ」や「野焼《のや》き」などと呼《よ》ばれていて、三瓶山でも昔から行われてきたといわれています。現在では毎年三月に、地元の関係機関《かんけいきかん》が協力して、西の原の一部を燃やしています。枯れ草がバチバチと燃え上がる様子《ようす》は、春の

地元学校による保護活動

実になったオキナグサ

訪《おとず》れを告《つ》げる風物詩《ふうぶつし》にもなっています。燃《も》やすことは悪いことのように感じるかもしれませんが、枯《か》れ草《くさ》が無くなることで、地面に光が当たりやすくなり芽生《めば》えが促《うなが》されますので、草花はすくすくと育つことができますし、草むらの中の木が燃《も》えて、ヤブになるのを防《ふせ》いでくれます。草原を守るための伝統的《でんとうてき》な方法で、先人たちの知恵《ちえ》ともいえます。

草原の中でみられる生き物の中には、数を減《へ》らして絶滅《ぜつめつ》が心配されている種類《しゅるい》も少なくありません。最初《さいしょ》に述《の》べたオキナグサも、絶滅が心配されている植物の代表です。春先に薄紫色《うすむらさきいろ》の花を下向きにつけて、花が終わると、白い綿毛《わたげ》のついた実をつけます。この様子《ようす》を翁《おきな》（おじいさんのこと）の白髪頭《しらがあたま》に見立てて、この名前がつけられました。以前は、この綿毛を手まりがわりにして遊べるほど、三瓶山《さんべさん》にはたくさん生《は》えていたそうです。最近《さいきん》では数が少なくなり、地元の小学校や団体が保護《ほご》活動《かつどう》をしています。

草原は広々《ひろびろ》として気持ちが良いため、散歩《さんぽ》をしたりクロスカントリーをしたり、お弁当を食べたりするのに良い場所です。絶滅が心配されている動植物たちもたくさん暮《く》らしています。次の世代《せだい》へと残していきたい自然の一つといえます。

2 千《せん》丈《じょう》渓《けい》

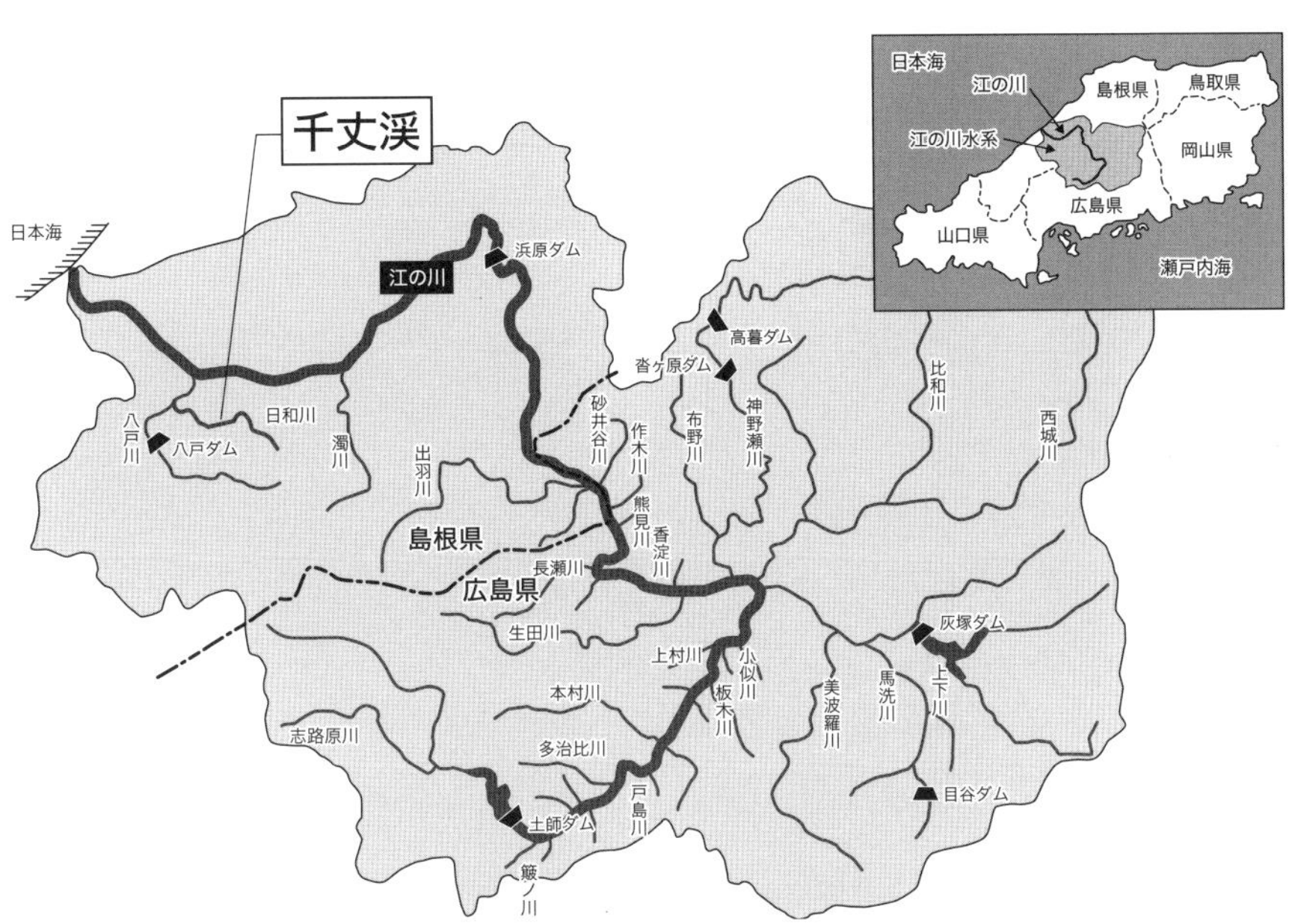

図1 江の川流域

大地

滝《たき》が連《つら》なる渓谷《けいこく》

千丈渓は、江津市《ごうつし》と邑南町《おおなんちょう》にまたがっており、江《ごう》の川支流《かわしりゅう》の八戸川《やとがわ》に注《そそ》ぐ日《ひ》和《わ》川《がわ》上流にある全長約5㎞におよぶ渓谷（水の流れている深い谷）です。この谷には、大小あわせて24の滝や深い淵《ふち》があり、観光名所《かんこうめいしょ》にもなっています（図1）。

川の傾《かたむ》きが急に変わるところで、垂《すい》直《ちょく》に近い角度で水が落ちるのが「滝」です。

さて、この滝ですが、どうやってできたと思いますか。千丈渓には数多く滝があります。なぜたくさんの滝ができたのでしょうか。理由を一緒《いっしょ》に考えてみましょう。

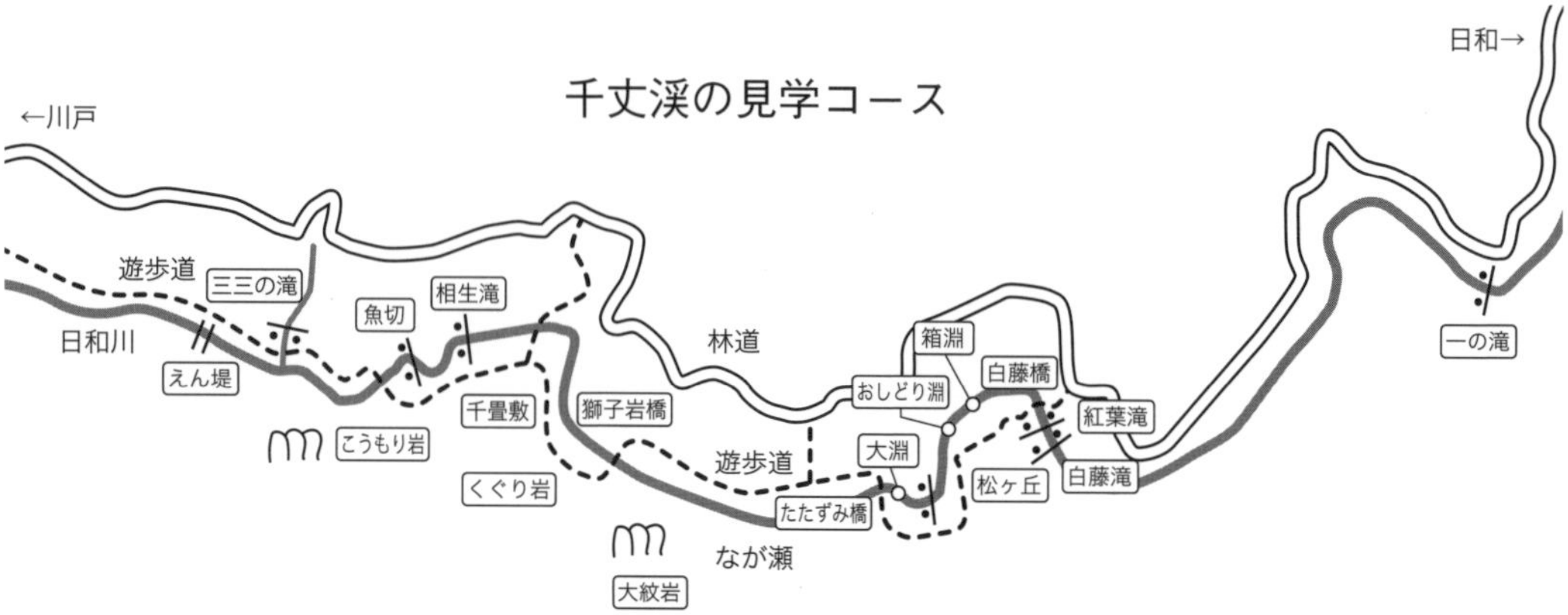

白藤滝《しらふじのたき》

魚切《うおきり》

江《ごう》の川《かわ》のでき方

滝《たき》ができた理由を探《さぐ》るには、まず本流《ほんりゅう》の江の川がどのようにしてできたかを知る必要があります（図２）。

中国山地《ちゅうごくさんち》が現在《げんざい》の標高《ひょうこう》（高さ）になる前まで、江の川はゆったりと平原《へいげん》を流れていて、その後、隆起《りゅうき》（大地が大きな力でもり上がること）して、中国山地となりました。そして、川が大地を掘《ほ》り下げる力の方が強く、現在のように大雨が降《ふ》ると激《はげ》しく流れる川となったのです。

ここに滝《たき》ができた理由が隠《かく》れています。それは、大地が変化したことと、雨水《あまみず》が集まることによって川ができ、流れる水のはたらきで土地が侵食《しんしょく》（削《けず》られること）されやすくなったことで滝ができたのです。

滝ができるしくみ

しかし、これだけでは滝ができる説明は不十分《ふじゅうぶん》です。滝は、土地の高さに大きな差が生まれた所にできるのですから、そのしくみを探る必要があります。

滝は、主《おも》にそのでき方によって次の４つに分けられます。①②は川の侵食作用《さよう》によって段差《だんさ》ができ滝となった

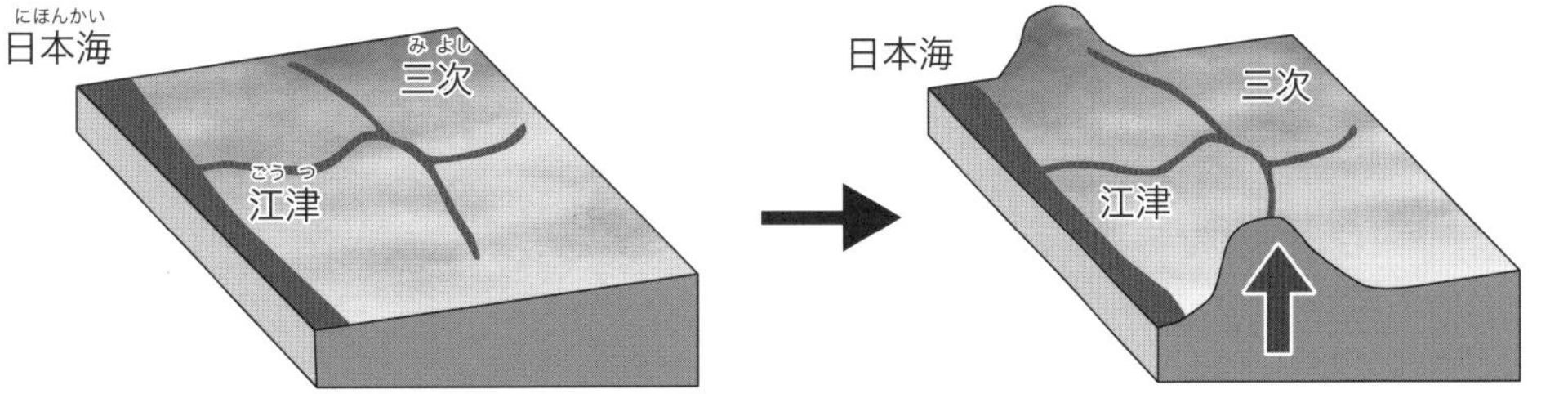

かつての江の川は平地をゆったりと流れ、日本海に注《そそ》いでいました。

中国山地が盛《も》り上《あ》がり、高くなっても、江の川はそのまま流れつづけ、中国山地を横切って流れるようになりました。

図2　江の川のでき方

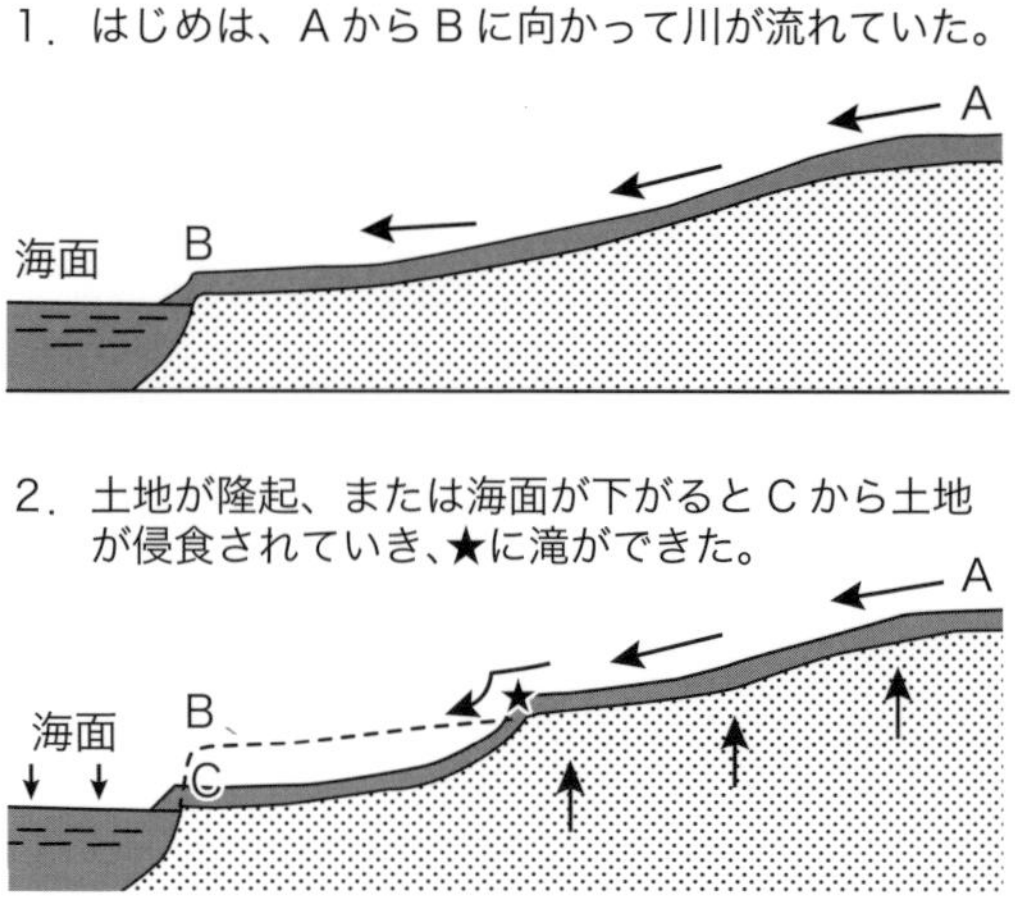
1．はじめは、AからBに向かって川が流れていた。
A
海面
B
2．土地が隆起、または海面が下がるとCから土地が侵食されていき、★に滝ができた。
A
海面
B
C
★

図3　侵食作用で滝ができるしくみ

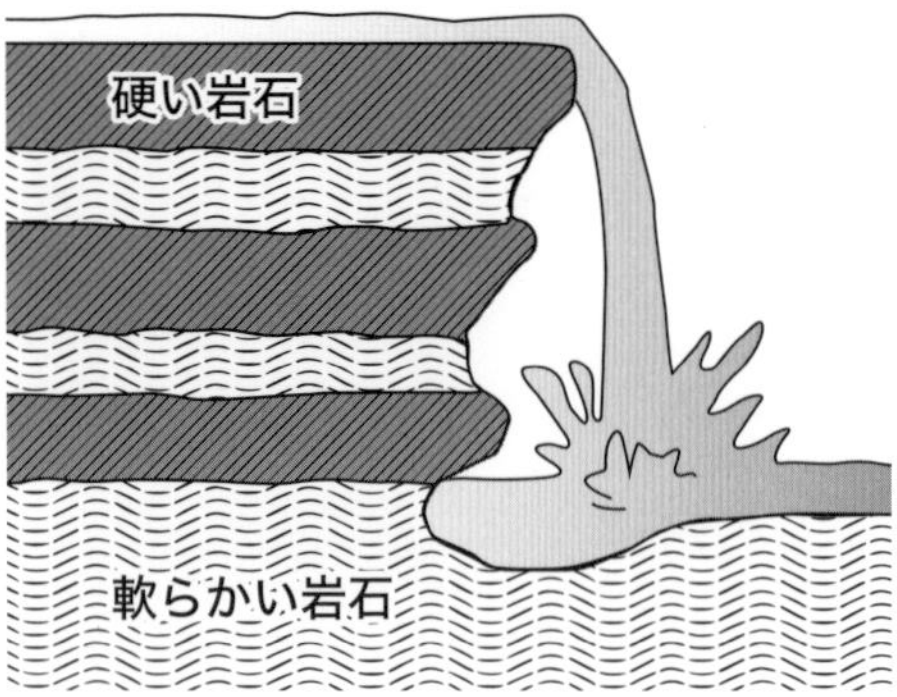
硬い岩石
軟らかい岩石

図4　岩の硬さの違いで滝ができるしくみ

もの、③④は断層《だんそう》（地球の中の強い圧力《あつりょく》によって土地がずれること）や、岩石《がんせき》の割《わ》れ目《め》が広がり段差《だんさ》となり滝《たき》となったものです。

①侵食作用《しんしょくさよう》によるもの

「江《ごう》の川《かわ》のでき方」で説明したような土地の隆起《りゅうき》や、海面《かいめん》が下がることで川の侵食が進むことがあります。このとき、同じ川の下流部が著《いちじる》しく削《けず》られ上流部との間に段差ができ、これがだんだん大きくなって滝になります（図３）。

②岩石の硬《かた》さの違《ちが》いによるもの

岩石の硬さに違いがあり、硬い岩石はなかなか削られず、軟《やわ》らかい岩石が早く削られて段差ができ、それが大きくなると滝になります（図４）。

③もともと河床《かしょう》（川底の部分）に段差があったもの

断層による地層《ちそう》のずれ（図５）や、火山活動《かざんかつどう》などで川がいったんせき止められあふれ出すなどして、もともと存在《そんざい》していた河床の段差が大きくなって、滝になったものもあります。

④節理《せつり》によって段差ができたもの

岩に規則的《きそくてき》にできた割れ目のことを節理といいま

千丈渓の節理

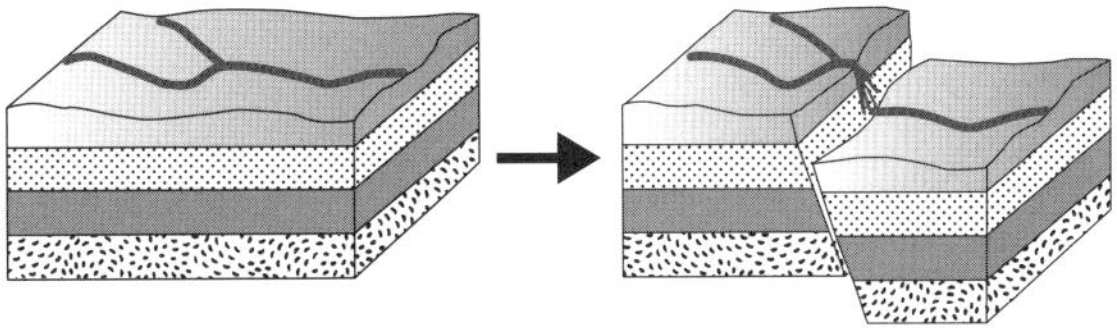

図5　断層による滝のでき方

す。節理《せつり》は火山《かざん》から流れ出た溶岩《ようがん》などが冷《ひ》え固まるときにひび割《わ》れてできます。節理は割《わ》れやすく侵食《しんしょく》されやすいことから段《だん》差《さ》ができやすく、滝《たき》となることがあります。

千丈渓《せんじょうけい》に多くの滝があるわけ

では、千丈渓に当てはめて考えてみましょう。千丈渓の地質《ちしつ》は、硬《かた》い岩石《がんせき》からできていますが、多くの節理も入っています。硬い岩石のため横方向へは広がりにくく、節理に沿《そ》って侵食が進むので、谷は幅狭《はばせま》くなります。ちょうどアルファベットのV《ぶい》字《じ》に似《に》ているので、V字谷《だに》と呼《よ》ばれています。

千丈渓に多くの滝が見られる理由は、次のように考えられます。

３５００～４０００万年前の激《はげ》しい火山活動《かざんかつどう》によって節理や断層《だんそう》ができやすい特徴《とくちょう》があったことと、急流が多いために川のあらゆる場所で侵食が進行しやすかったのだと考えられます。つまり、千丈渓は、段差がかなり生じやすい川であるため、多くの滝ができたのです。

実際《じっさい》に千丈渓に入って観察《かんさつ》してみると、硬い岩は残り、節理があるところが侵食されて滝ができるところを何カ所も見ることができます。

現在《げんざい》見ている滝《たき》も、何千何万年後にはさらに削《けず》られていき、千丈渓《せんじょうけい》は大きく形を変えていくことでしょう。

千丈渓の滝（滝の上から滝下を眺《なが》めたところ）

まめ手帳

江《ごう》の川《かわ》と治水《ちすい》

江の川は「中国太郎《ちゅうごくたろう》」とも呼《よ》ばれ、中国地方《ちほう》最大《さいだい》の一級河川《かせん》です。自然豊《ゆた》かで船での交通や漁業《ぎょぎょう》などの産業の発展《はってん》にも重要《じゅうよう》な役割《やくわり》を果《は》たしてきました。しかし、ひとたび雨が降《ふ》り始めると、支流《しりゅう》から水が集まって水量が一気《いっき》に増《ま》し、度々洪水《たびたびこうずい》をひき起こし、１９７２年７月には大きな被害《ひがい》を起こしました。近年では、２０１８年、２０２０、２１年と豪雨《ごうう》による大規模《だいきぼ》な家屋浸水《かおくしんすい》が多く発生《はっせい》しました。

そこで、安全なまちづくりに向け、「治水《ちすい》とまちづくり連携《れんけい》計画」が２０２２年に作られました。治水（水害《すいがい》を防《ふせ》ぐこと）として、▽堤防《ていぼう》や護岸《ごがん》を整える▽川幅《はば》を広げる▽住宅地《じゅうたくち》のかさ上げ▽観測所《かんそくじょ》やレーダーで情報《じょうほう》を集め洪水をいち早く予測《よそく》する――などして、命を守る動きがとられています。また、安全な地区《ちく》・地域《ちいき》への移転《いてん》（移住《いじゅう》）を進めようとしています。

治水の一つに、水害防備林《ぼうびりん》（竹堤《ちくてい》）の整備《せいび》があります。江の川の中・下流で見られる竹林《ちくりん》のことです。竹林は水の勢《いきお》いを和《やわ》らげ、流木が流れこんだり河岸《かわぎし》が壊《こわ》れたりするのを防ぐのに役立っています。これは、千年以上前につくられたもので、先人《せんじん》の知恵《ちえ》が生きています。

現存《げんぞん》する水害防備林（竹堤）

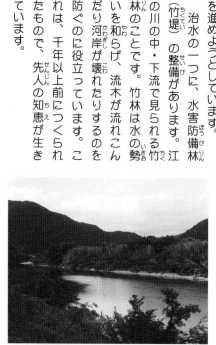

常緑樹林を流れる一の滝

植物

千丈渓《せんじょうけい》に生きる植物

渓谷《けいこく》の様々《さまざま》な植物

千丈渓一帯《いったい》は、県立自然公園《けんりつしぜんこうえん》に指定《してい》されています。自然観察《かんさつ》モデルコースは清《きよ》らかな水の音、湿《しめ》った空気など、渓谷独特《どくとく》の自然を楽しむことができます。V字《ぶいじ》型の渓谷の両岸には、たくさんの木々が茂《しげ》っています。そのほとんどが落葉樹《らくようじゅ》で、季節の移《うつ》り変わりとともに、山は様々《さまざま》な色に変化します。

渓谷林《けいこくりん》の中に入っていくと、一年中《じゅう》、緑の葉をつけている常緑樹《じょうりょくじゅ》が見られます。魚切《うおきり》の谷から少し上流にかけてたくさん見ることができます。ここは、昔からの自然の姿《すがた》をそのまま残している所なのです。

生《お》い茂《しげ》る木々にさえぎられて、林の下には日光があまり当たりません。わずかなすき間からさす木《こ》もれ日《び》を受けて、そこには、シダ類などが育っています。また、空気が湿っている渓谷の岩《いわ》はだには、コケがたくさん生《は》えています。

植物の中には、絶滅《ぜつめつ》のおそれのある種《しゅ》もあります。

クマノミズキ（ミズキ科）

枝先《えださき》に白い小花が多数集まって棚状《たなじょう》になり、葉を覆《おお》うようにして咲《さ》きます。秋に小さな実をたくさんつけ、熟《じゅく》すと黒くなります。

名前の由来《ゆらい》は、三重県《みえけん》の熊野《くまの》地方《ちほう》のミズキという意味です。ミズキは、漢字で書くと水木《みずき》で、春に枝を切ると切り口から樹液《じゅえき》がたくさん出る木です。

蜜《みつ》があって虫がよく集まり、ハチの蜜源《みつげん》となります。

クマノミズキ

バリバリノキ（クスノキ科）

葉は細長く10～20 cm程度《ていど》で、先がとがっています。葉は枝先に集まってつき、葉と葉が風ですれる音から「バリバリノキ」という名前になったという説があります。他《ほか》には葉や枝に油分《ゆぶん》が多く、バリバリとよく燃《も》えることから命名《めいめい》されたとする説もあるようです。準絶滅危惧《じゅんぜつめつきぐ》（次ページの※1）に指定《してい》されています。

バリバリノキ

アラカシ（ブナ科）

「粗樫《あらかし》」の名前のとおり、葉や枝振《えだぶ》りが粗《あら》っぽいことに名前が由来しています。

ドングリをつけるブナ科の樹《じゅ》木《もく》の中では最《もっと》もよく見られる常緑《じょうりょく》の高木《こうぼく》です。カシ類の中で最もふつうに見ることのできるカシなので、単に、「カシ」と呼《よ》ばれることが多いようです。

葉の上半分に粗い鋸歯《きょし》（のこぎりの刃のようにギザギザになっている）があるのが特徴《とくちょう》です。

アラカシ

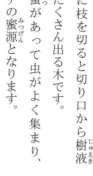

タラヨウ（モチノキ科）

厚《あつ》くてツヤがあり、鋭《するど》いのこぎり歯《ば》をもった大きな葉が特徴《とくちょう》です。

葉に傷《きず》をつけると傷あとが黒く変わるので、葉に文字や絵を書くことができます。平安《へいあん》時代にタラヨウの葉の裏《うら》に木の枝《えだ》などで傷をつけて言葉を書き、相手に渡《わた》して伝えたと言われており、現在《げんざい》の「葉書《はがき》」の語源《ごげん》になったとされています。

タラヨウ

クジャクシダ（ホウライシダ科）

ちょうどクジャクが尾《お》の羽《はね》を広げたような美しい形をしているので、この名《な》が付《つ》けられました。

茎《くき》は、黒漆塗《くろうるしぬ》りのようにツヤがあります。また、開き始めた頃の若葉は、赤紫色《あかむらさきいろ》でとても美しいものです。若葉の色は、黄緑色《きみどりいろ》になりやがて緑色に変わっていきます。冬には全ての葉が枯《か》れてしまいます。

クジャクシダ

オオミズゴケ（ミズゴケ科）

黄緑色でふわふわしており、多量の水分を含《ふく》むことができます。その保水《ほすい》の特性《とくせい》を利用《りよう》して植物の根を包《つつ》んだり、観葉《かんよう》植物などの鉢《はち》植《う》えの植えこみ材《ざい》として使われています。ただ、森林の伐採《ばっさい》、人による採取《さいしゅ》などにより数が減《へ》ってきており、準絶《じゅんぜつ》滅危惧《めっきぐ》（※1）に指定《してい》されています。

オオミズゴケ

※1 ■絶滅危惧Ⅰ類《るい》：絶滅の危機《きき》に瀕《ひん》している種《しゅ》
■絶滅危惧Ⅱ類：絶滅の危険《きけん》が増大《ぞうだい》している種
■準絶滅危惧：現時点《げんじてん》での絶滅危険度は小さいが、生息条件《せいそくじょうけん》の変化によっては「絶滅危惧」に移行《いこう》する可能性《かのうせい》のある種

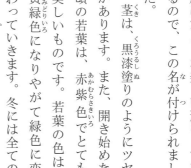

動物

千丈渓《せんじょうけい》の清流《せいりゅう》の生き物

千丈渓周辺には、水がきれいなところを好《この》む生き物がすんでいます。しかし近年、水の汚《よご》れや川の改修《かいしゅう》などにより、その数は減《へ》ってきています。絶滅《ぜつめつ》のおそれのある生き物も多くいます。

清流の番人　ヤマセミ

ヤマセミは、カワセミ科の中では最《もっと》も大きく、ハトぐらいの大きさです。黒と白のまだら模様《もよう》をしているのが特徴《とくちょう》です。頭には冠羽《かんむりばね》があり、立てるととても美しいです。魚が大好きで、ヤマメ、イワナ、ハヤなど清流の魚をねらいます。水面《すいめん》に突《つ》き出《で》た木の枝《えだ》にとまって魚が来るのを待ち、一直線に水中へダイビングしてくちばしでとらえます。

ヤマセミ

ヤマセミのなわばりは、渓流の谷沿《ぞ》いに４kmぐらいあり、切り立った土の崖《がけ》に横穴《よこあな》を掘《ほ》り、巣を作ってすんでいます。警戒心《けいかいしん》が強く、遠くから人の姿《すがた》を見つけると「キャラキャラ」と鳴《な》き声を上げ飛び去るのでなかなか姿が見られません。千丈渓では、上流の「一《いち》の滝《たき》」辺《あた》りで、運《うん》がよければヤマセミを見ることができるでしょう。

ヤマセミはカワセミとともに、川の自然度を表す鳥といわれ、川がどのくらい自然のまま残っているかを表す目印《めじるし》になっています。個体数が多くない上に、渓流《けいりゅう》の魚を食べ巣に適《てき》した土壁《つちかべ》が必要なこと等、特定の生息環境《せいそくかんきょう》を必要としていることから、絶滅危惧《ぜつめつきぐ》Ⅱ類《るい》（１１３ページ※１）に指定《してい》されています。

清流《せいりゅう》の生き物

タカハヤ

体長10㎝くらいの大きさで、体色は暗めの黒みがかかった茶色で、体の側面には金色と黒色の「はん点」が散らばっています。川の上流の淵《ふち》などの流れがゆるやかな場所にすんでいます。主に昆虫《こんちゅう》類や流れてきた植物の種《たね》・藻《も》などを食べています。島根県《しまねけん》では「ドロバエ」や「ドロンバエ」などと呼《よ》ばれることがあります。

タカハヤ

オオルリ

体長15㎝くらいの夏鳥です。濃《こ》い青色の背中《せなか》や頭、白いお腹《なか》というはっきりしたコントラストをもつオオルリのオスは、よく目立《めだ》ちます。さえずりは「ピールリ、ポピーリ、ピーリ、ピース」などと比較的《ひかくてき》ゆるやかなテンポで続けて鳴《な》きます。オオルリは歌の中に必ずギギッ、ジジッなどの濁音《だくおん》を入れるのが特徴《とくちょう》です。

オオルリ

カジカガエル

体長4～8㎝くらいのカエルで、オスよりメスが大きくなります。体色は黒っぽい灰色やこげ茶色で、指先にパッド状《じょう》の吸盤《きゅうばん》があり、川の中流の流れのあるところに生息《せいそく》しています。鳴き声が「フィー、フィー」と鹿《しか》のような鳴き声のため、「河鹿蛙《かじかがえる》」という名前がついています。

カジカガエル

カワムツ

一見してオイカワに似《に》ていますが、ややずんぐりした体形で、体の横に黒っぽいすじがあるので見分けることができるでしょう。

生息《せいそく》場所は、瀬《せ》のかなり掘《ほ》れたところや、岸寄《きしよ》りにヤナギなどの植物が垂《た》れ下がっているような淵《ふち》を好《この》みます。水中に落下する陸生昆虫《りくせいこんちゅう》、水中を流れてくる水生《すいせい》昆虫を待ち受《う》け、それに飛びついて食べます。

カワムツ

オオサンショウウオ

日本にいる多くのサンショウウオの中で、１ｍ以上になるのはオオサンショウウオだけです。また、他《ほか》のサンショウウオが成長してからは陸上で生活するのと違《ちが》い、一生のほとんどを水中で生活します。

進化《しんか》しないで1億年もの間ほとんど変わらない特徴《とくちょう》を保《たも》っているので、「生きた化石」と呼《よ》ばれています。国の特別天然《とくべつてんねん》記念物《きねんぶつ》にも指定《してい》されており、絶滅危惧《ぜつめつきぐ》Ⅱ類《るい》（１１３ページ※１）に指定されています。江《ごう》の川《かわ》のキャラクターにもなっています。

オオサンショウウオ

モリアオガエル

緑色の大きなアオガエルで、メスの体長は８㎝くらい（オスはその半分くらい）あります。

産卵《さんらん》は梅雨時《つゆどき》の夜中や雨の日に行われます。オスがメスの背《せ》中《なか》にしがみつき、メスが産んだ卵《たまご》に精子《せいし》をかけ、後《うし》ろ足でかきまわしてソフトボール大の白い泡《あわ》の塊《かたまり》にします。卵は池に張《は》り出《だ》した木の枝《えだ》や水辺《みずべ》の草につけられます。産卵から1週間くらいで、孵化《ふか》したオタマジャクシは水の中に落下していきます。準絶滅危惧《じゅんぜつめつきぐ》（１１３ページ※１）に指定されています。

モリアオガエル

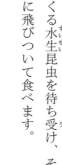

南西側から見た大江高山（大田市水上町荻原《みなかみちょうおぎはら》で撮影）

3 大《おお》江《え》高《たか》山《やま》と石《いわ》見《み》銀《ぎん》山《ざん》

大地 つり鐘《がね》状《じょう》の火《か》山《ざん》群《ぐん》

島根県《しまねけん》のほぼ中央部、大田市《おおだし》から飯南町《いいなんちょう》にまたがりそびえる三《さん》瓶《べ》山《さん》は、たくさんの小学生が登山を体験することのできる火山《かざん》です。２００３年には、活火山《かっかざん》の定義《ていぎ》見直しで活火山に指定《してい》されました。その三瓶山の西には、三瓶山によく似《に》た形をした山があります。この山が大田市にある大江高山という山です。大江高山には、山田《やまだ》コースと飯谷《いいたに》コースという二つの登山道があります。山田コースの入り口である山田

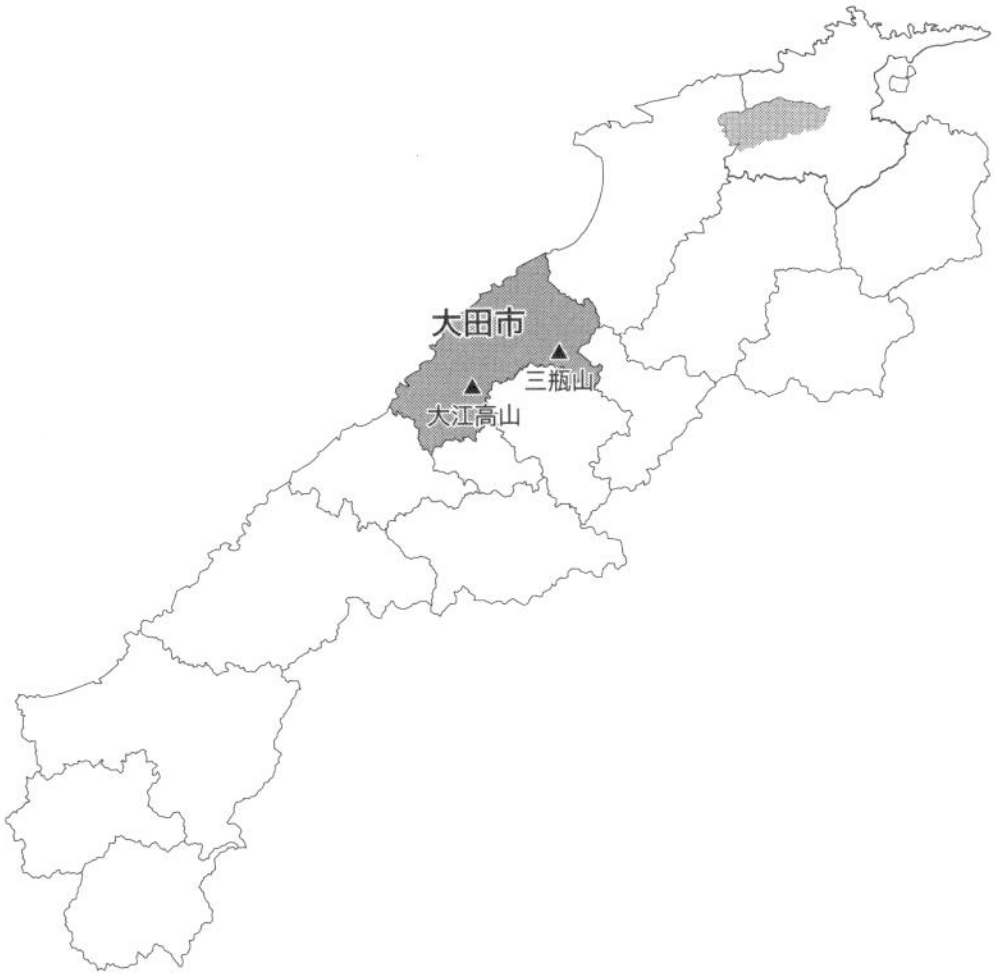

バス停のすぐ横には、火山灰《かざんばい》が積もっている５ｍぐらいの高さの崖《がけ》を見つけることができます。この火山灰の層《そう》からは、火山豆石《まめいし》という火山の噴火《ふんか》の際にできる小さな石を見つけることができます。ところが、この火山灰の層の間に、粘土《ねんど》の層が一枚《まい》はさまっているのです。この粘土の層の中からは、木の葉の化石も見つかります。どうして火山灰の層の間に粘土の層がはさまっていたり木の葉の化石が見つかったりするのでしょう。

大江高山《おおえたかやま》も火山です。周囲にも火山活動でできた山が集まっていて、それらをまとめて大江高山火山群《かざんぐん》と呼《よ》ばれています。

山田《やまだ》バス停付近の火山灰の地層

大江高山火山の活動は、今から２６０万年ほど前に始まったと考えられています。そのころ、この辺《あた》りは海岸《かいがん》に近い平野《へいや》で川が流れ、ときには湖《みずうみ》が存在《そんざい》したこともあったようです。ここに川が運んだ礫《れき》や砂《すな》、粘土が積《つ》もってできた地層《ちそう》は「都野津層《つのづそう》」と呼ばれます。

都野津層が堆積《たいせき》している間に大江高山火山が噴火して、火山灰や軽石《かるいし》が降《ふ》り積もりました。噴火がおさまると、再《ふたた》び粘土がたまりはじめ、この時に貝や植物が一緒《いっしょ》にうまって化石ができたのです。

その後も、大江高山火山は噴火をくり返して、粘《ねば》り気《け》がある溶岩《ようがん》が火口《かこう》から押《お》し出《だ》されるように出てきて、あのようなつり鐘《がね》をふせたような形になったのです。

大田市水上町《みなかみちょう》と邑智郡美郷町《おおちぐんみさとちょう》の境界付近から見た大江高山火山群

銀の山…仙ノ山《せんのやま》

三瓶山《さんべさん》の頂上《ちょうじょう》からは、大江高山火山群《おおえたかやまかざんぐん》の山々がよく見えます。大江高山、三子山《みつごやま》、矢滝城山《やたきじょうざん》……と、つり鐘状《がねじょう》の山々が続いて見える中、頂上が平《たい》らな山がそのとなりに位置しているのが見えます。この山は、仙ノ山と言います。大田市《おおだし》にある世界遺産《せかいいさん》として有名な石見銀山《いわみぎんざん》の銀を採掘《さいくつ》した山が、この仙ノ山なのです。「どうして、仙ノ山から銀がとれたのか」「どうしてこの山だけが、つり鐘状の形ではないのか」という疑問《ぎもん》がわいてきませんか。

これらの疑問の答えは、仙ノ山のでき方に秘密《ひみつ》があります。

仙ノ山は、火山の礫《れき》や火山灰《かざんばい》が積《つ》み重《かさ》なってできた山です。

約１５０万年前に火山が噴火《ふんか》して仙ノ山ができた時、地下には熱いマグマがありました。このマグマの熱で２００℃以上の高温になった地下水（熱水）は岩盤《がんばん》やマグマにわずかに含《ふく》まれていた銀を

石見銀山の鉱石「福石《ふくいし》」

溶《と》かしました。その水は、岩盤《がんばん》の割《わ》れ目《め》に沿《そ》って上昇《じょうしょう》して、仙《せん》ノ山《のやま》の上で温泉《おんせん》としてわき出しました。上昇する途中《とちゅう》で温度が下がると銀が沈《しず》んで岩盤の割れ目にたまり、銀の鉱石《こうせき》になりました。石見銀山《いわみぎんざん》の福石《ふくいし》を見ると、礫《れき》のすき間に銀を含《ふく》む線状《せんじょう》の脈があみ目のように入っています。

仙ノ山の岩盤

礫や火山灰《かざんばい》でできた仙ノ山では、銀が溶けた水がしみこんで、広い範囲《はんい》が銀の鉱石に変わりました。仙ノ山の岩盤は、火山の礫が積み重《かさ》なってできた岩のため、すき間が残っている部分があります。仙ノ山の鉱石は他《ほか》にはあまりない珍《めずら》しいもので、この鉱石のおかげで、４００年以上も昔にたくさんの銀を生産《せいさん》することができました。

くらし

石見銀山の銀の採掘《さいくつ》

石見銀山の銀の採掘は、１５２７年から１９２３年までの約４００年間で、１４０００ｔにも上りました。仙ノ山が他の鉱山《こうざん》に

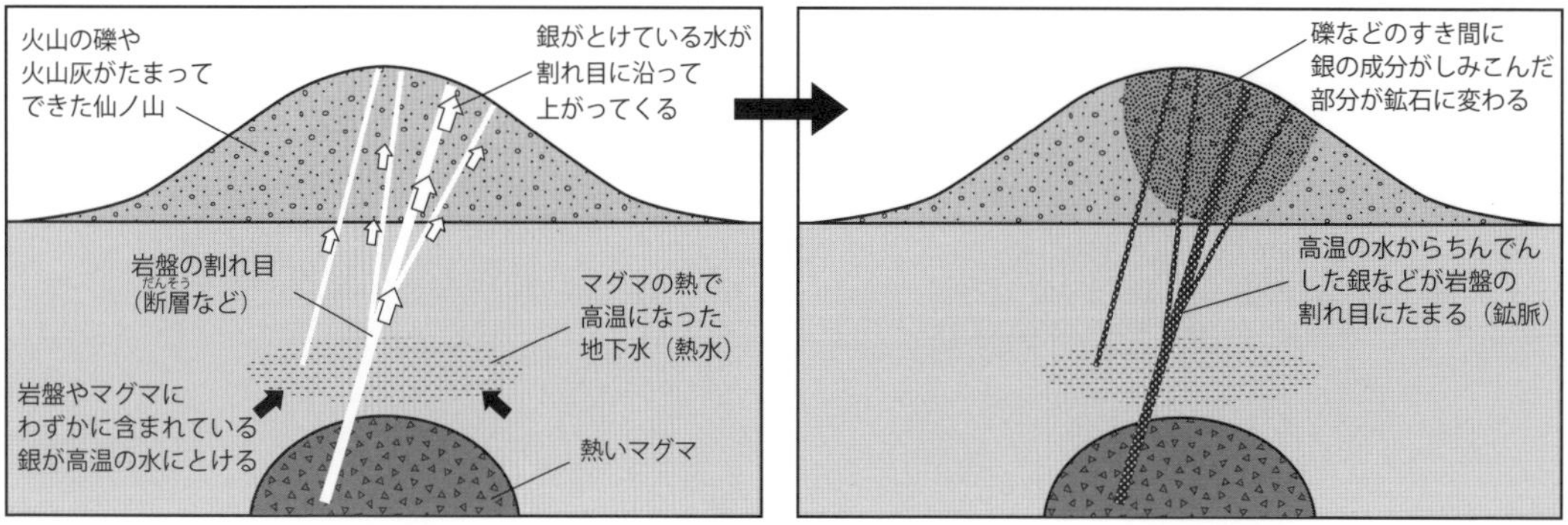

火山の礫や
火山灰がたまって
できた仙ノ山
銀がとけている水が
割れ目に沿って
上がってくる
岩盤の割れ目
(断層《だんそう》など)
マグマの熱で
高温になった
地下水(熱水)
岩盤やマグマに
わずかに含まれている
銀が高温の水にとける
熱いマグマ
礫などのすき間に
銀の成分がしみこんだ
部分が鉱石に変わる
高温の水からちんでん
した銀などが岩盤の
割れ目にたまる(鉱脈)

仙ノ山に銀鉱石ができる仕組み

比《くら》べて鉱石《こうせき》を掘《ほ》りやすい山だったことと、「灰吹法《はいふきほう》」といった鉱石から銀を効率《こうりつ》よくとり出す技術《ぎじゅつ》があったことが挙《あ》げられます。

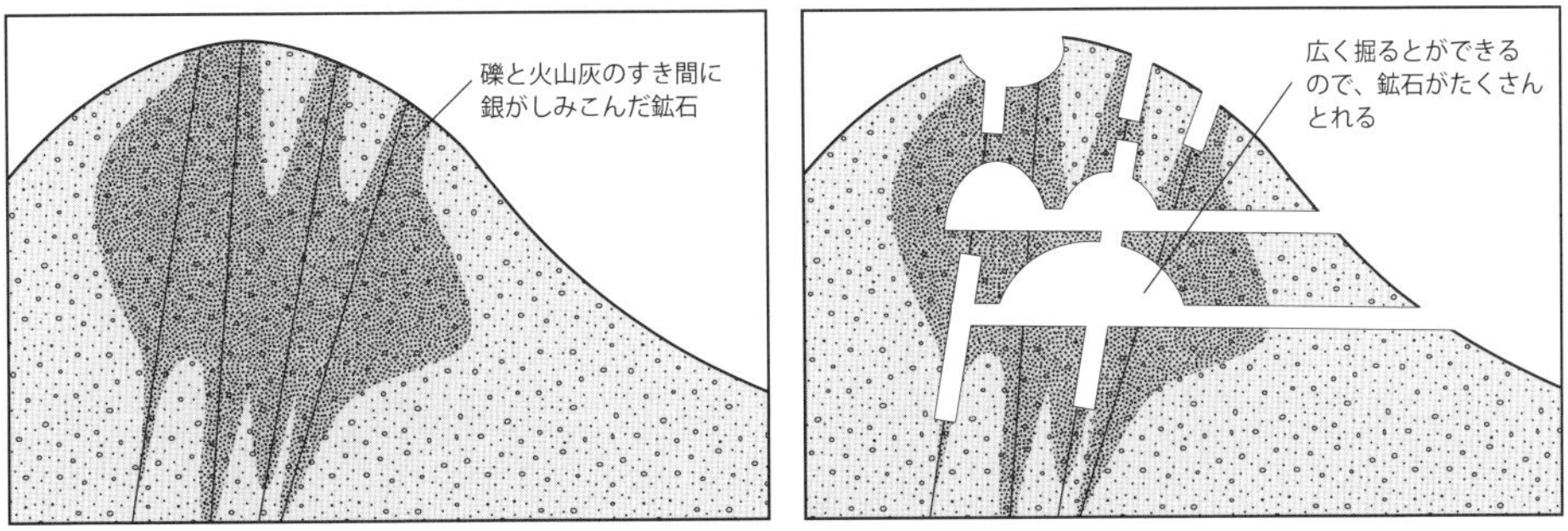

仙ノ山の鉱脈

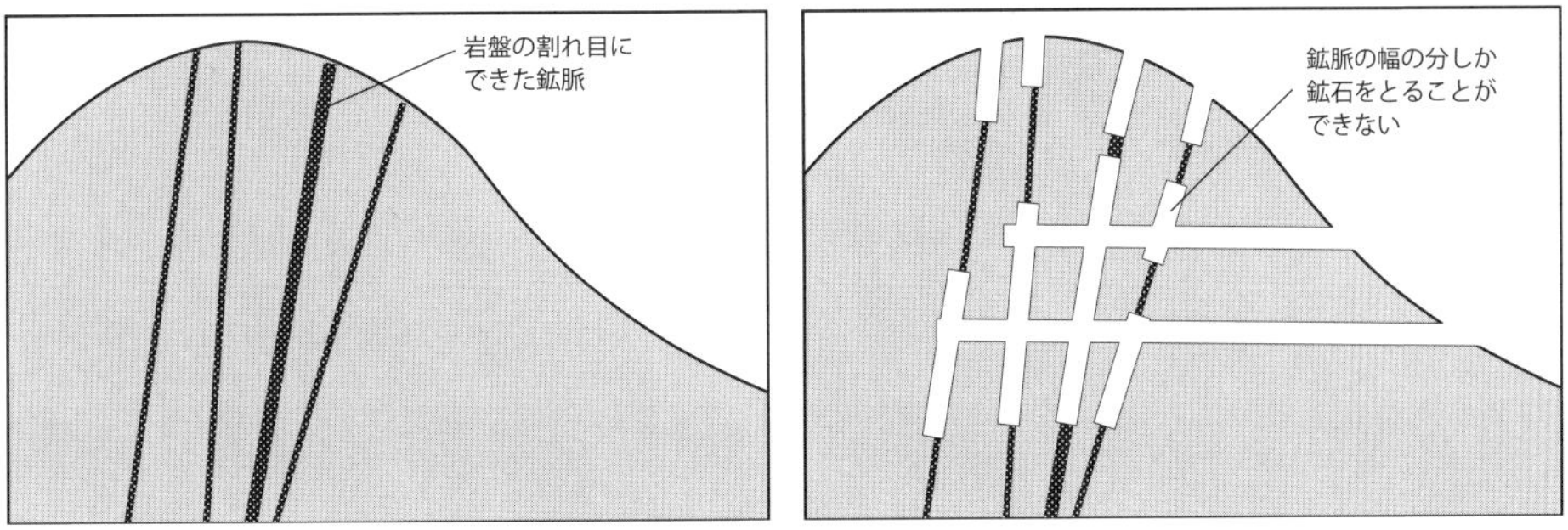

硬い岩石でできた山の鉱脈

仙ノ山が、礫《れき》や火山灰《かざんばい》でできた山だということは紹介《しょうかい》しました。硬《かた》い岩石《がんせき》でできた山と礫や火山灰でできた軟《やわ》らかい山なら、どちらが掘りやすいかは明らかです。当時の道具と技術では、仙ノ山の軟らかさは、銀の掘りやすさにつながりました。

仙ノ山が銀を掘り出しやすかったのには、もう一つ理由があります。それは、鉱脈《こうみゃく》の広がりです。

硬《かた》い岩盤《がんばん》でできた山であれば、岩盤の割《わ》れ目《め》に鉱脈ができます。このような鉱脈を掘り進めても、鉱脈の幅《はば》の分しか鉱石をとることができません。せまい坑道《こうどう》（トンネル）を掘り進めながら、少しずつ鉱石をとるしかないのです。

それに比《くら》べて、仙ノ山は、すき間の多い山だったため、銀の溶《と》けた熱い水が地面の下、いたるところに広がっていきました。

その熱い水がしみこんだ広い範囲《はんい》が銀の鉱石《こうせき》になりました。そのような部分では、一気に掘《ほ》り広げることで、銀の鉱石を効率《こうりつ》よくとることができたのです。

「灰吹法《はいふきほう》」の技術《ぎじゅつ》

仙ノ山《せんのやま》では、掘りやすさを活《い》かし、たくさんの銀の鉱石がとれました。しかし、鉱石には、銀以外のものが多く含《ふく》まれているので銀だけをうまく取り出す必要があります。その方法が「灰吹法」と呼《よ》ばれる技術です。

灰吹法は、松葉などの灰を敷《し》いた炉《ろ》の上で銀の鉱石と鉛《なまり》を混《ま》ぜて溶《と》かし、金属の性質《せいしつ》をうまく利用《りよう》して銀だけを取り出す方法です。

鉱石を溶かすためには、まきや炭を燃《も》やします。また、石見銀山《いわみぎんざん》では多くの人が暮《く》らしていたので、生活用のまきや炭もたくさん必要でした。石見銀山の人たちは、初めは仙ノ山付近の木を切って利用していました。しかし、木を切りすぎると、山から木がなくなってしまいます。木のなくなった山はやがておとろえていきます。石見銀山の人たちは、銀を採掘《さいくつ》することだけを考えるのではなく、他《ほか》のいろいろな地域《ちいき》から灰を入手《にゅうしゅ》することも考えました。木を切った山には苗木《なえぎ》を植えて、山がおとろえないようにしました。こうして、石見銀山の山や森林は守られていたのです。

たくさんの小中学生が世界遺産《せかいいさん》である石見銀山の学習を進める中で「どうしてたくさんの銀が取れたのか」という疑問《ぎもん》を持ちます。その答えは、仙ノ山が、他の山とは違《ちが》い、火山《かざん》の噴出物《ふんしゅつぶつ》の堆積《たいせき》によってできたために、軟《やわ》らかくて掘りやすく、すき間が多いために銀のとれる鉱床《こうしょう》が広がったことと、石見銀山の人たちが山を大事に守りながらも「灰吹法」という技術を上手《じょうず》に使ったことが理由だとわかります。

大地

山奥《やまおく》にのこされた砂丘《さきゅう》

三子山《みつごやま》周辺の古い砂丘

島根県《しまねけん》の海岸線《かいがんせん》にはたくさんの砂丘があります。例《たと》えば、出雲平野《いずもへいや》西側の大社《たいしゃ》海岸や、さらに石見《いわみ》の海岸にもあちこちに見ることができます。これらの砂丘のように、ふつう、砂丘と言えば、海に近いところにあるのは、みなさんにとっても当たり前のことでしょう。ところが、島根県には海からずっと離《はな》れた５～６㎞も陸側のしかも山奥に砂丘が見られるところがあるのです。その砂丘は、大江高山《おおえたかやま》の周《まわ》りの、高さが３００～４００ｍもある高いところにある砂丘です。どうして、こんな山奥に砂丘が残っているのでしょう。

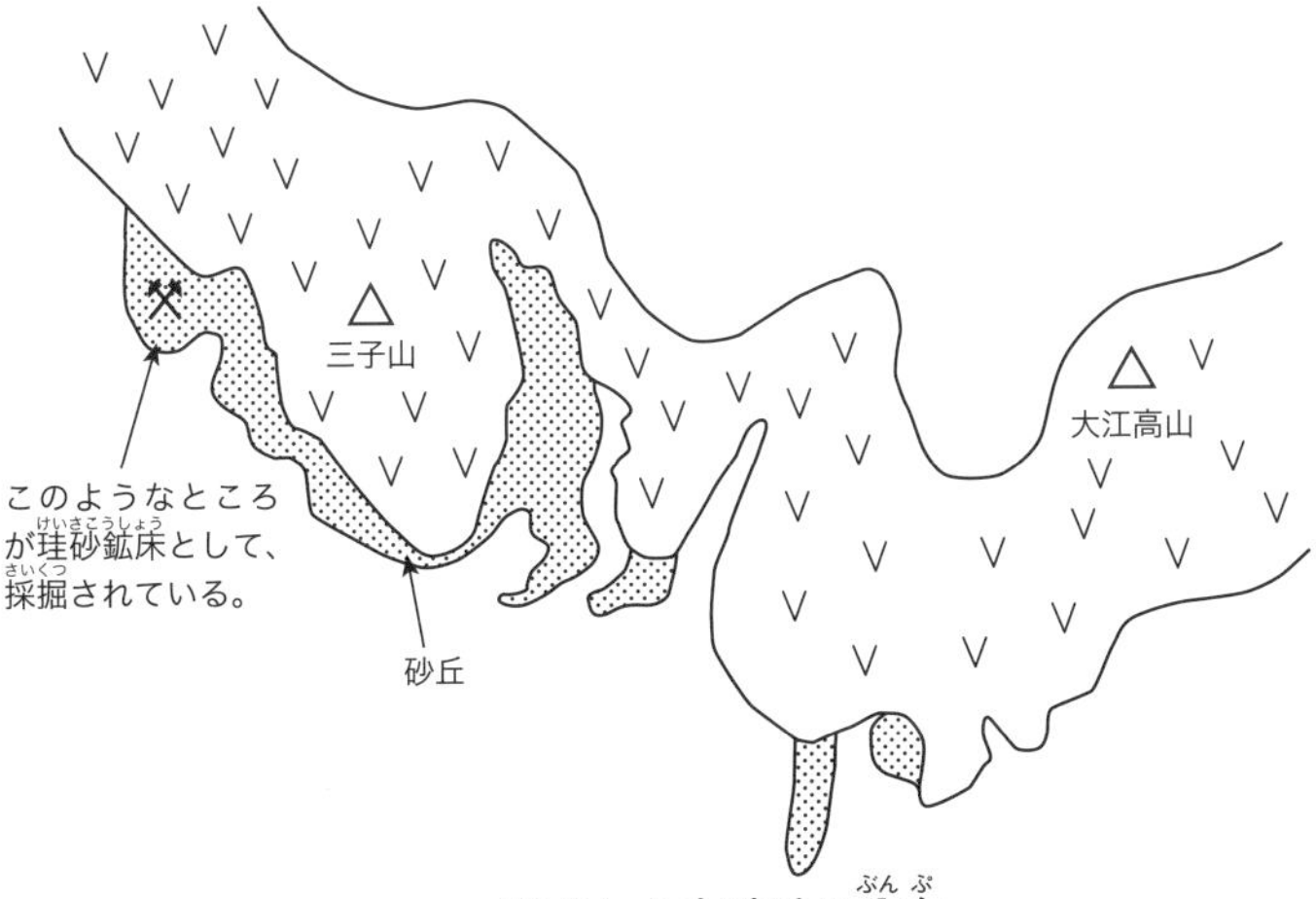

残された古砂丘の分布《ぶんぷ》

それは１００万年かそれよりも前のことです。ここには広々《ひろびろ》とした湖《みずうみ》がありました。その頃、この湖に海が入《はい》りこんで、この辺《あた》りが海岸だったことがあったのです。そして海の方から吹《ふ》いてくる風に砂《すな》が寄《よ》せられて、砂丘が出来上《できあ》がったのです。こうした砂丘が、大地の隆起《りゅうき》によって数百ｍも持ち上げられたのです。また、砂丘ができていた頃は、火山活動《かざんかつどう》が盛《さか》んでした。大江高山が出来上《できあ》がったのもこの頃のことです。三子山の周りに見られる砂丘は、厚《あつ》さが数十ｍもある大きなものですが、その上を火山噴出物《ふんしゅつぶつ》が覆《おお》っ

石英

長石

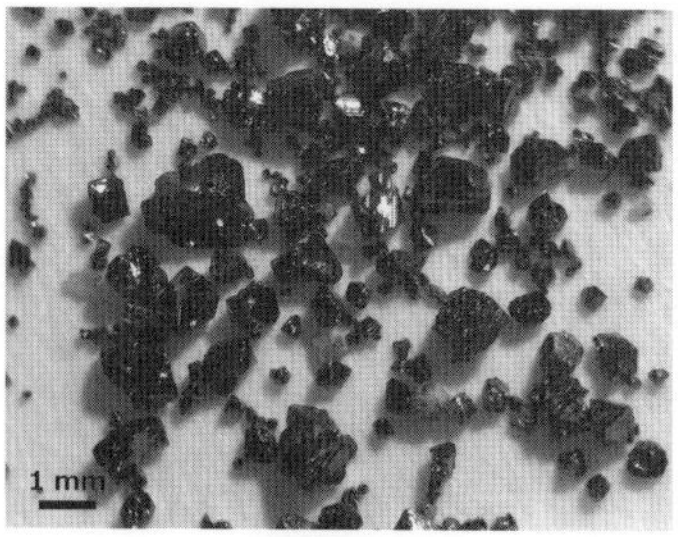

磁鉄鉱

ているのです。このことから、砂丘《さきゅう》ができたのは大江高山《おおえたかやま》などの火山活動《かざんかつどう》があった頃のことだとわかります。

この砂丘の砂《すな》は、石英《せきえい》という硬《かた》くてとう明な鉱物《こうぶつ》がほとんどです。そして、わずかに長石《ちょうせき》という鉱物と磁石《じしゃく》にくっつく磁鉄鉱《じてっこう》が混《ま》ざっています。この砂は、川に運ばれて海に流れ出たものが強い風に吹《ふ》かれて当時の海岸《かいがん》にたまったものです。砂は山から流れ出て川に運ばれる途中《とちゅう》で流れに削《けず》られ丸みをおびるのですが、それでも顕微鏡《けんびきょう》で見ると、表面が粗《あら》く角《かど》がとがっています。それが海岸に出て、強い風に吹かれて浜辺《はまべ》に寄《よ》せられ、浜辺で動かされている間に表面がすべすべしてきます。

しかし三子山《みつごやま》の砂は、海岸で見られる砂よりももっとすべすべして、角も取《と》れ丸みをおびています。これは、砂つぶが強い風で吹き飛ばされて、砂つぶ同士がぶつかりあったり砂の上を転《ころ》がったりすべったりしたためだと考えられています。磁鉄鉱は、石英よりも丸くなりやすく、球に近い形になっています。

石英という鉱物は、火に強くて約1700度まで溶《と》けません。しかも、砂丘の中の石英は丸みをおびているので、自動車、造船などの鋳物《いもの》部品の鋳型《いがた》を作る材料としてよく使われています。これは高温の溶けた金属《きんぞく》と触《ふ》れても溶けないし、丸みをおびているので、金属から発生《はっせい》するガスを簡単《かんたん》ににがしやすいからです。その他《ほか》にも、この砂丘の砂は、混じりけのない石英として、ガラスの原料として用いられます。

ハンノキの実

ハンノキ林

植物

山あいの湿地《しっち》に生きる仲間《なかま》

湿地の高木《こうぼく》　ハンノキ

島根県西部《しまねけんせいぶ》の中国山地沿《ちゅうごくさんちぞ》いには、海面《かいめん》からの高さが200～300mくらいの、わりに高い土地があります。これらの場所には、山の傾《かたむ》きが小さいために、水の流れがゆるやかな小川や、水のよくたまる湿地が所々で見られます。

私《わたし》たちが、このような小川や湿地にいた時、まず目につくのがハンノキの林です。

ハンノキとは、カバノキの仲間で、高いもので17mにもなる落葉《らくよう》の高木です。日本各地《にほんかくち》の湿気《しっけ》の多い山や野に生《は》えます。

昔は、県内のいたる所で見かけられましたが、土地が水田《すいでん》として利用《りよう》されることが多くなるにつれて、ハンノキの林もどんどん切られていきました。そのため、今では、かぎられた場所に見られるだけになりました。

島根県で見られる主《おも》なハンノキ林は、飯南町赤名《いいなんちょうあかな》、大田市《おおだし》、邑智郡邑南町《おおちぐんおおなんちょう》・美郷町《みさとちょう》、浜田市金城町《はまだしかなぎちょう》、益田市《ますだし》、鹿足郡津和野町《かのあしぐんつわのちょう》などです。

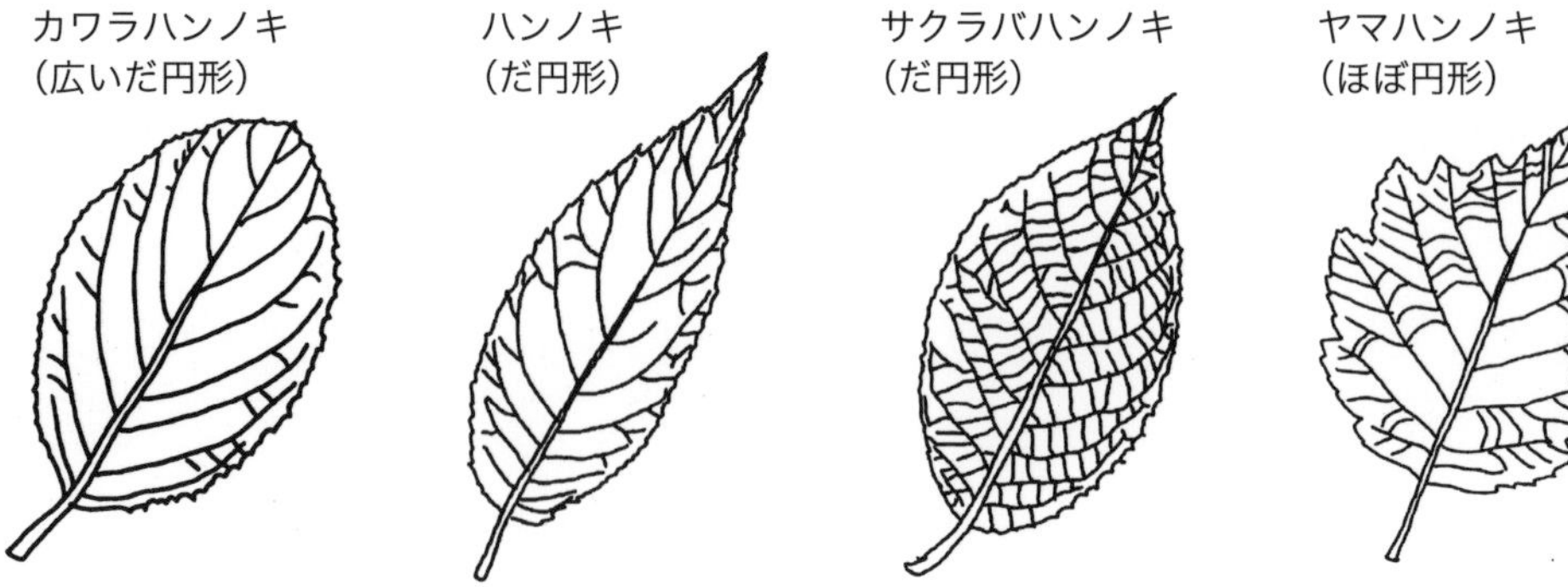

4種類《しゅるい》のハンノキの葉

ハンノキの仲間《なかま》

春早く、山あいの小川のそばや湿地《しっち》の中を歩いていると、変わった木を見つけることがあります。遠くから見ると、葉の落ちたやせ型の背《せ》の高い木ですが、近づいてよく見ると小枝《こえだ》の先に小さなウインナーソーセージのようなものをたくさんぶら下げていることに気がつきます。

この木がハンノキで、ウインナーソーセージのようなものは雄花《おばな》です。雌花《めばな》は、枝の下の方についていますが、あまり目立《めだ》ちません。秋には、松かさを小さくしたような果実《かじつ》になります。

このようなハンノキの仲間には、どのようなものがあるのでしょう。県の中西部《ちゅうせいぶ》に見られるものの一つに、カワラハンノキがあります。その名のように、川沿《ぞ》いの流れに近い場所を好《この》んで生《は》えています。大きいもので5mくらいの高さにしかなりません。わりと枝がしなやかで、洪水《こうずい》などによる急流にもよくたえ、木くずなどをひっかけているのを見かけることがあります。

もう一つは、大きいもので高さが17mくらいになるヤマハンノキです。流れがゆるやかな水辺《みずべ》にも生えていますが、ハンノキやカワラハンノキと比《くら》べると、乾燥《かんそう》にもたえることができ、山あいの林の開けた場所や山地の雲やきりによる湿《しめ》り気《け》の多いところにも見られます。この他《ほか》、金城町《かなぎちょう》で見られるのはサクラバハンノキという種類《しゅるい》です。葉の形は、ちょうどサクラの葉のようで、本州の中部《ちゅうぶ》地方や九州《きゅうしゅう》にわずかに知られています。

これら４種類のハンノキは、好《この》んで生《は》える場所や葉の形などに違《ちが》いが見られます。しかし、共通することとしては、いつでも水のたえることのない、やせた土地《とち》に点々と生えることが挙《あ》げられます。

湿地《しっち》に生えるその他の植物

ハンノキ林は、夏から秋にかけていろいろな植物でにぎわいます。ハンノキの高木《こうぼく》の周《まわ》りの日かげには、大きな葉を所せましと広げ、あわいピンク色の大きな花をもたげている菊《きく》の仲間《なかま》のマアザミがたくさん見られます。少し開けた日当たりの良い場所に、紫《むらさき》色の花が点々と咲《さ》いています。茎《くき》が少し太くて、その左右に濃《こ》い紫色の花をつけているのがキキョウの仲間のサワギキョウで、マアザミとともに、ハンノキ林の代表的な植物です。サワギキョウと似《に》た紫色の花を、細い茎の片方だけに付けているのが、ユリの仲間のミズキボウシです。目を足元《あしもと》に移《うつ》すと、小さな白いかわいい花を見つけることもあります。これが、ランの仲間でシラサギの飛ぶ姿《すがた》に似ているサギソウです。

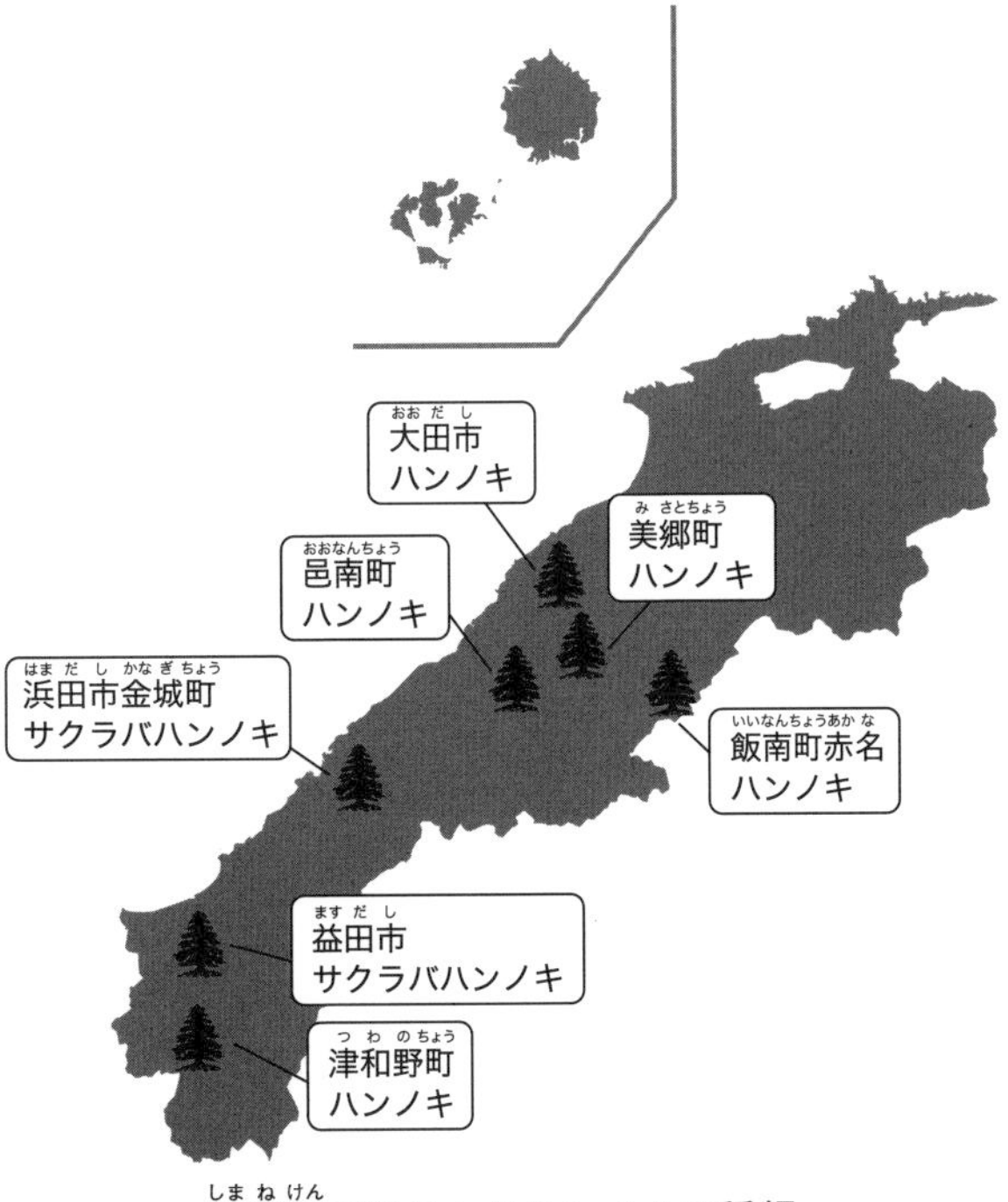

島根県《しまねけん》で見られるハンノキの種類

この他《ほか》にも多くの種類《しゅるい》の植物を見ることができますが、それぞれの植物の数は決して多くはありません。これらの植物は、日かげや日当たりの違《ちが》いはありますが、全ての植物が、水気《みずけ》の多い湿地《しっち》に生《は》えている点で同じです。

マアザミ

サワギキョウ

サギソウ

畳ヶ浦

4 畳《たたみ》ヶ《が》浦《うら》

大地

海岸《かいがん》に広がる平《たい》らな磯《いそ》と化石たち

浜田市《はまだし》には、国の天然記念物《てんねんきねんぶつ》にも指定《してい》されている畳ヶ浦《たたみがうら》と呼《よ》ばれる海岸があります。この畳ヶ浦には、高さ約25ｍの海食崖《かいしょくがい》（波などの侵食《しんしょく》によってできた崖《がけ》）が連なり、その表面では、大地の地層《ちそう》をはっきりと観察《かんさつ》することができます。海食崖のふもとには、約4・9haの平《たい》らな波食棚《はしょくだな》（波の作用《さよう》によってできた海底《てい》）が広がります。その表面にある規則的《きそくてき》な割《わ》れ目が、畳《たたみ》を敷《し》きつめたように見えることから、この波食棚は「千畳敷《せんじょうじき》」と呼ばれ、この畳ヶ浦の地名の由来《ゆらい》にもなっています。また、この波食棚には、規則正しく並《なら》ぶいくつものノジュール（球状《きゅうじょう》の石）を確認《かくにん》することができ、畳ヶ浦の特徴《とくちょう》の一つとなっています。

この他《ほか》にも、畳ヶ浦では、足元《あしもと》のいたる所で、貝などの水生生物《すいせいせいぶつ》に関する化石を見つけることができたり、広くて安定した足場を利用《りよう》して磯の観察ができたりと、多くの人に親しまれています。

広大《こうだい》な波食棚《はしょくだな》（千畳敷《せんじょうじき》）の形成《けいせい》

大地は、その地層《ちそう》の成分や層《そう》の重《かさ》なる順などを調べることで、「いつ」「どのようにして」できたのかという成《な》り立《た》ちを調べることができます。近年の研究によって、畳ヶ浦《たたみがうら》がどのようにして誕生《たんじょう》したのかが明らかになってきました。

畳ヶ浦周辺の大地は、約2億年前の変成岩《へんせいがん》（もともとの岩石《がんせき》が強い圧力《あつりょく》や熱などに作用《さよう》されてできた岩石のこと）が基になっています。その上に、時代ごとに大きく分けて、4つの地層が積み重なっています。一番古い地層は、3500万年前～4500万年前の火山《かざん》の噴出物《ふんしゅつぶつ》が堆積《たいせき》した国府火《こくふか》山岩類《ざんがんるい》と呼《よ》ばれる地層です、その上には、約1600万年前の唐鐘累層《とうがねるいそう》と呼ばれる泥岩《でいがん》、砂岩《さがん》、礫岩《れきがん》が堆積した地層があります。その上に、泥岩や礫岩からなる都野津層《つのづそう》、主《おも》に砂《すな》からなる国分層《こくぶんそう》が順に積み重なっています（図1）。また、これらの4つの地層は、不整《ふせい》合《ごう》関係で接していることがわかっていて、上下の異《こと》なる地層の間に、大きな時間のすき間があります。

畳ヶ浦の広大な波食棚（千畳敷）は、唐鐘累層に位置付けられます。この地層からは、貝やウニ、サメ、エイ、有孔虫《ゆうこうちゅう》などの多くの化石が産出《さんしゅつ》されています。生物は、

代	紀		地層
新世代	第四紀	更《こう》新《しん》世《せい》	国分層
	第三紀	鮮新世《せんしんせい》～更新世	都野津層
		中《ちゅう》期《き》中《ちゅう》新《しん》世《せい》	唐鐘累層
		始新世《ししんせい》～漸新世《ぜんしんせい》	国府火山岩類

図1　畳ヶ浦周辺の層序表《そうじょひょう》（中条ほか ,1993）

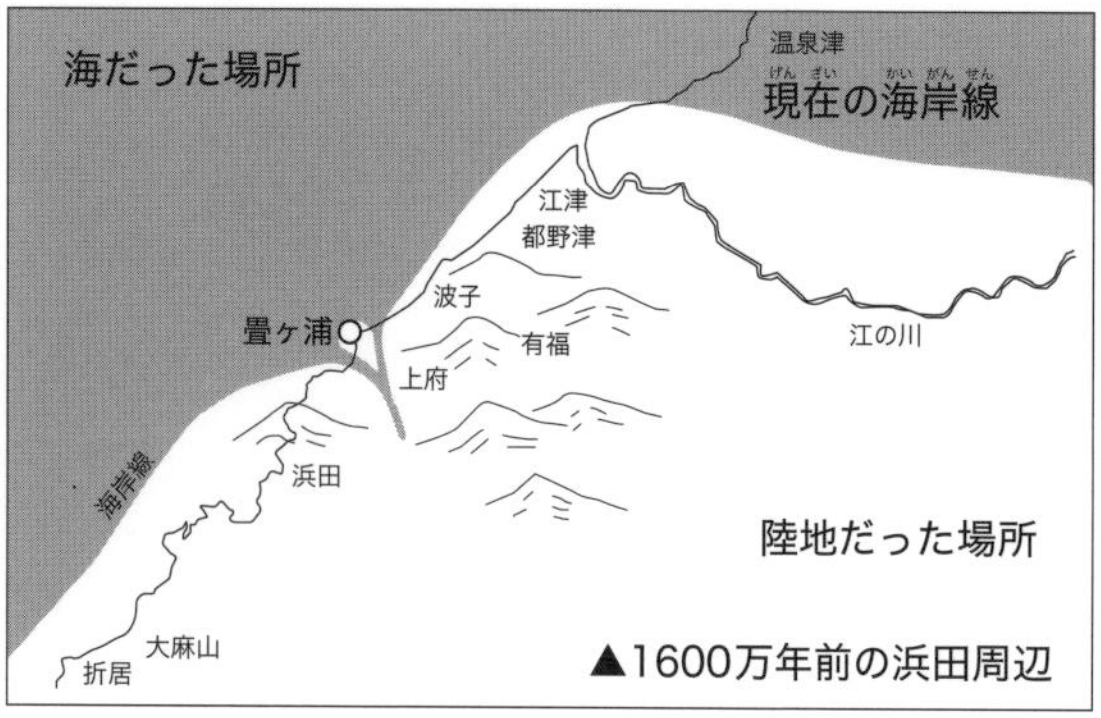

図2　1600万年前の浜田市《はまだし》周辺

ある一定の環境《かんきょう》を好《この》んで生息《せいそく》することが多いので、化石から当時の周辺の環境を推定《すいてい》することができます。このような当時の環境を示す化石を示相化石《しそうかせき》といいます。畳ヶ浦《たたみがうら》の波食棚《はしょくだな》（千畳敷《せんじょうじき》）で見られる貝の化石のほとんどが、温暖《おんだん》な浅瀬《あさせ》に生息する種類《しゅるい》の貝です。また、エイなどの水生《すいせい》生物の生痕化石《せいこんかせき》（生物が生息していた跡《あと》）も多く見られます。これらの示相化石から、約１６００万年前の畳ヶ浦の環境が、温暖な浅海《せんかい》の砂地《すなじ》であったことが考えられています（図２）。

では、畳ヶ浦の広大《こうだい》な波食棚は、どのようにしてつくられていったのでしょうか。

浅瀬の海岸《かいがん》では、潮《しお》の満《み》ち引《ひ》きによって土地の様子《ようす》が変わることがあります。潮が満ちている時には海面下《かいめんか》になり、潮が引いた時には海面上《かいめんじょう》に現《あらわ》れる場所を潮間帯《ちょうかんたい》といいます。この潮間帯付近では、満潮《まんちょう》時など海面が高い時の波が作用《さよう》して磯《いそ》を平《たい》らに侵食《しんしょく》していくことによって、波食棚が形成《けいせい》されることがあります。波食棚は、潮間帯で必ずできるものではありません。磯の岩石《がんせき》の硬《かた》さや打《う》ち寄《よ》せる波の強さのバランスによって形成されるかどうかが決まります。畳ヶ浦の場合、海岸をつくっている岩石が少し軟《やわ》らかい砂岩《さがん》であることや、日本海側《にほんかいがわ》に面していることから、冬期には強い北西の季節風《きせつふう》が吹き付け、荒い波が激《はげ》しく打ち寄《よ》せることなどが関係して、波食棚が形成されていったと考えられています。また、海食崖《かいしょくがい》のふもとには、波がぶ

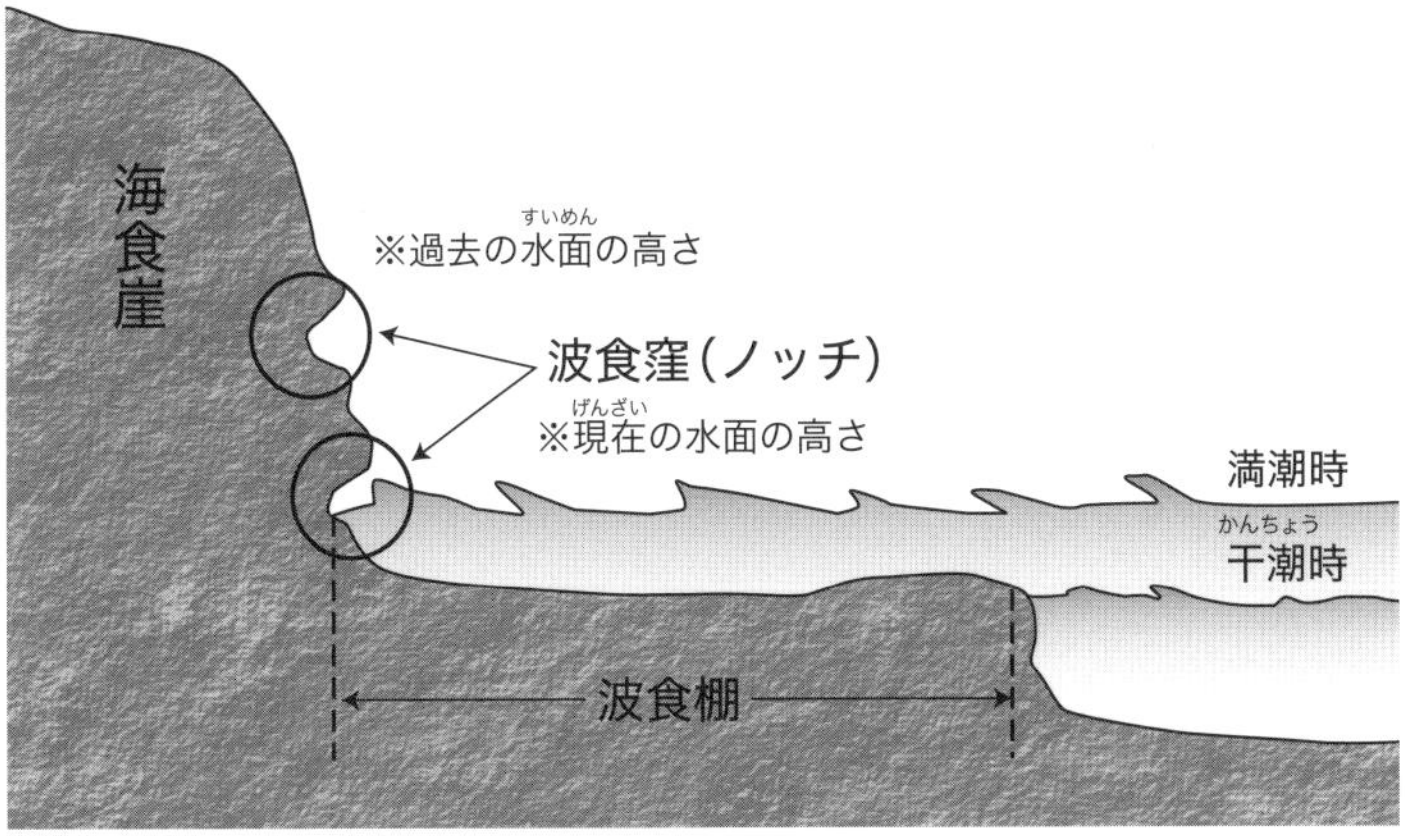

図３　波食棚の模式《もしき》図《ず》

つかるところが侵食《しんしょく》されて凹《へこ》みが形成されます。これを、波食窪《はしょくくぼ》（ノッチ）といい、海水面《かいすいめん》の位置を表します（図3）。畳ヶ浦《たたみがうら》の海食崖《かいしょくがい》を見てみると、現在の海水面の高さより少し高い位置にも波食窪を確認することができます。このことから、過去に畳ヶ浦一帯の土地が隆起《りゅうき》したことが分かります。現在の畳ヶ浦の波食棚《はしょくだな》は、海水面上に現われていることが多く、波による侵食をほとんど受けていません。しかし、土地が隆起する前は、波食棚は現在よりも低く位置していたため、波による侵食を大きく受けていました。したがって、畳ヶ浦の波食棚は、土地が隆起する以前につくられたことが分かります。

このように、畳ヶ浦の広大な波食棚は、約1600万年前の地層《ちそう》が、波によって平《たい》らに侵食されることでつくられていきました。近年の研究では、海水面の高さが現代《げんだい》とほぼ同じになったのは、約2000年前であることがわかっています。したがって、そこから現在《げんざい》に至るまでの間に、畳ヶ浦の景観《けいかん》がつくられていったと考えられています。

変わり続ける大地

畳ヶ浦では、大地が動いた様子《ようす》を観察《かんさつ》することができます。現在、畳ヶ浦には、複数《ふくすう》の断層《だんそう》が確認《かくにん》されており、11ヵ所にもなります。断層は畳ヶ浦のいたる所にあり、表面を観察すると様々《さまざま》な方向に断層を見ることができます。

また、波食棚（千畳敷《せんじょうじき》）の表面を観察すると、節理《せつり》と呼《よ》ばれる、長方形のような規則的《きそくてき》な割《わ》れ目《め》を確認することができます。これは、断層による大地の動きによって形成《けいせい》されたものです。

トンネル出口の断層

「馬《うま》の背《せ》」と呼ばれる岩の周辺では、風化《ふうか》による変わった形の岩や、岩脈《がんみゃく》と呼ばれるマグマが流れた跡《あと》を見ることもできます。

明治時代にも、畳ヶ浦《たたみがうら》では大地の地形変化がありました。1872（明治5）年、浜田地方《はまだちほう》で「浜田地震《じしん》」と呼ばれる大きな地震が発生《はっせい》しました。研究では、この大きな地震によって、海《かい》岸一帯《がんいったい》の土地が約1m隆起《りゅうき》したと考えられています。実際《じっさい》に、畳ヶ浦の海食崖《かいしょくがい》を見てみると、1mほど上の方にも波食窪《はしょくくぼ》（ノッチ）があることから、隆起の影響《えいきょう》を確認することができます。また、「めがね橋」では、小さい断層《だんそう》と波食窪の両方の変化を観察《かんさつ》することができます。「馬の背」周辺の陸地《りくち》も、この隆起によって形成《けいせい》さ

馬の背

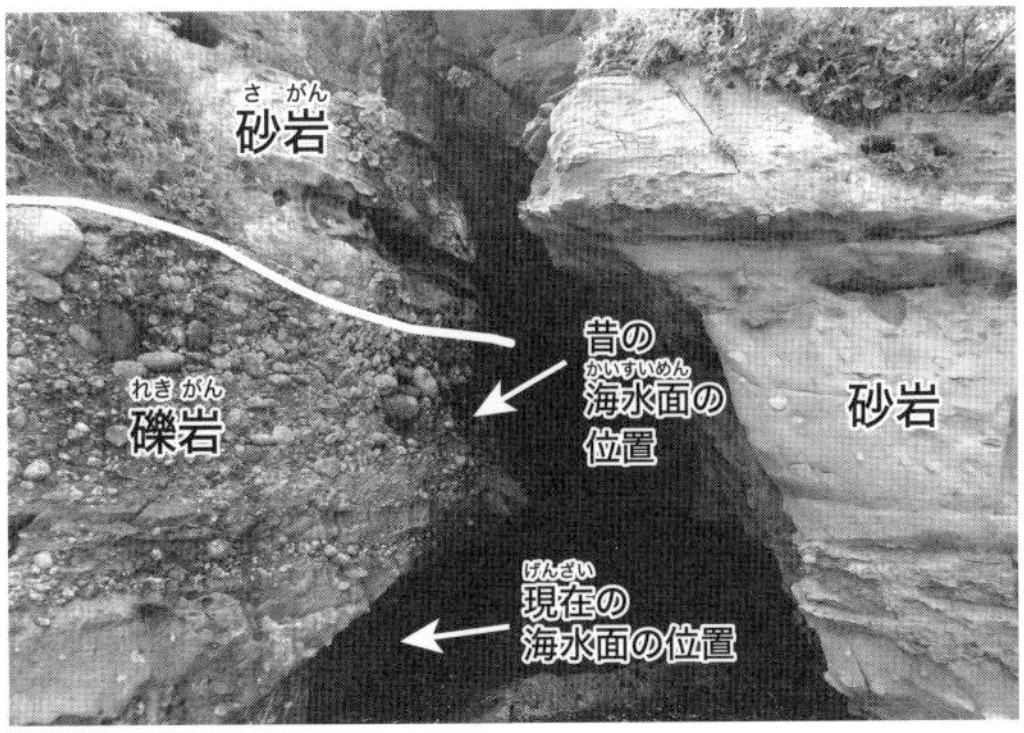

小さい断層と波食窪

江戸時代《えどじだい》の畳ヶ浦「唐鐘浦《とうがねうら》より嘉久志浦迄浦絵図《かくしうらまでうらえず》」

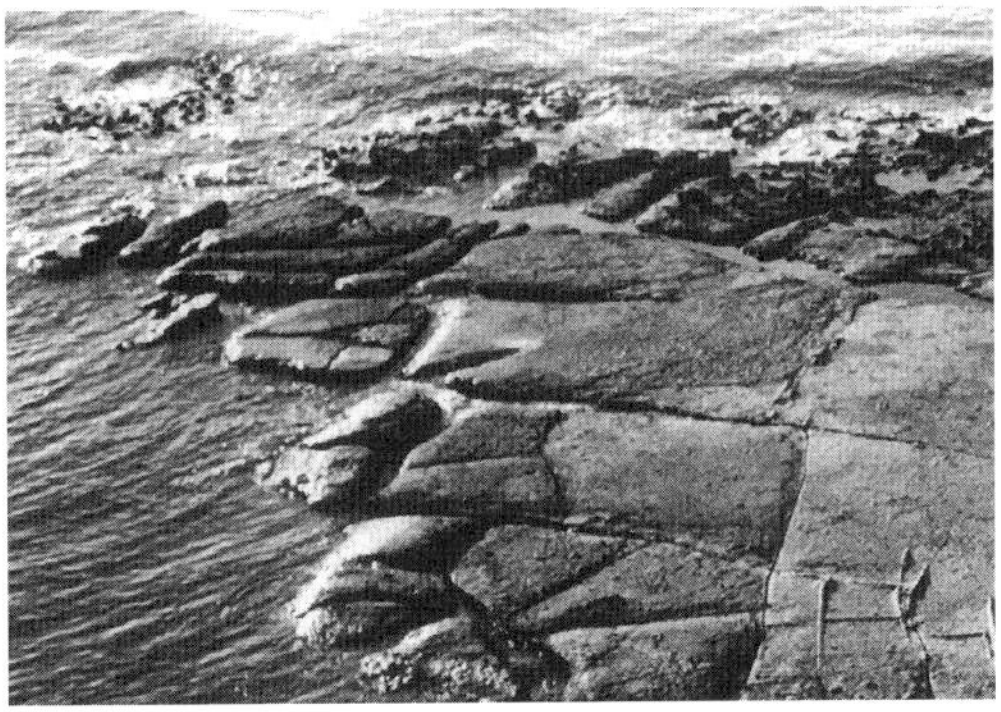

波食棚の節理

れたと考えられています。

　浜田地震《はまだじしん》による海岸一帯《かいがんいったい》の土地《とち》の隆起《りゅうき》は、広大《こうだい》な波食棚《はしょくだな》を含《ふく》む、畳ケ浦《たたみがうら》の景観《けいかん》の形成に大きな影響《えいきょう》を与えました。

太古《たいこ》を伝える数々の化石

　畳ケ浦の波食棚には、ノジュールと呼《よ》ばれる丸い岩の塊《かたまり》が並《なら》んでいます。これは、地層《ちそう》の中で貝や植物化石の周辺に炭酸《たんさん》カルシウムなどの化学物質《ぶっしつ》が集まり、コンクリート状《じょう》に固まったものです。そのため、ノジュールの中には、貝などの水生生物《すいせいせいぶつ》の化石が多く含《ふく》まれています。上の写真でもわかるように、ノジュールは並《なら》んでいるように見えます。これは、ノジュールが含まれる各年代の地層《ちそう》が、土地の隆起《りゅうき》や沈降《ちんこう》によって斜《なな》めに傾《かたむ》き、波の侵食《しんしょく》によって地層の中のノジュールの表面が現れたためです（図４）。このようなノジュール列《れつ》は、波食棚では、11列確認《かくにん》されており、海に近い列ほど新しい年代のものになっています。

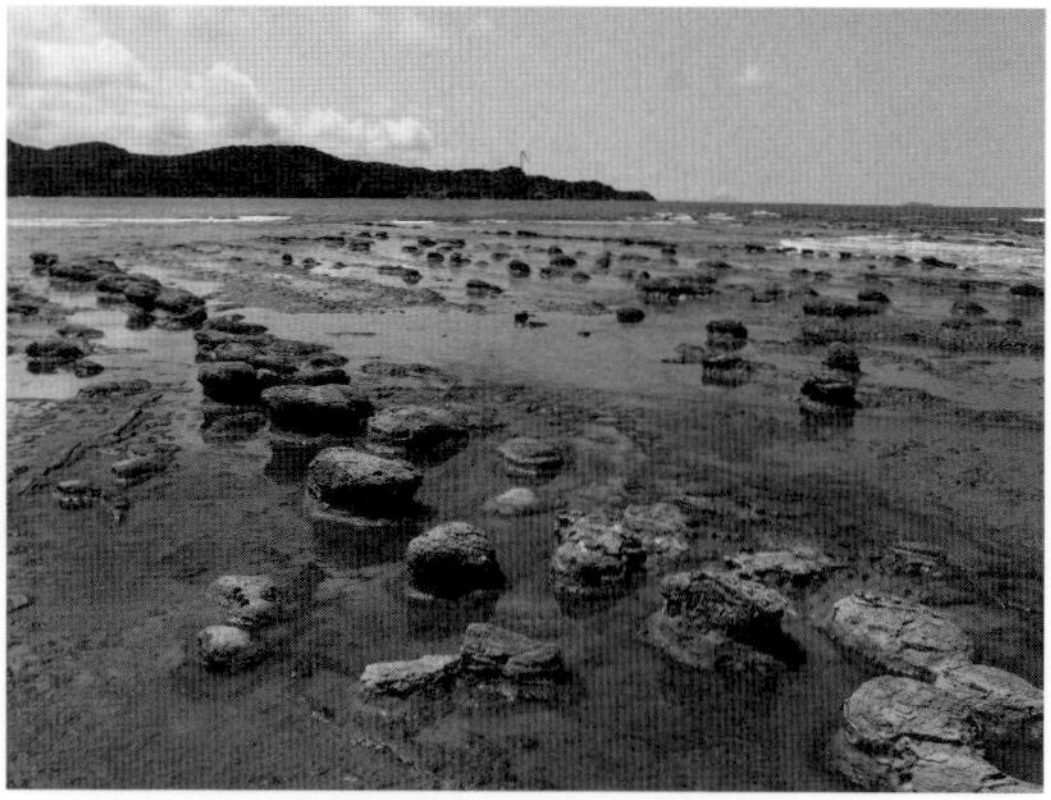
列に並ぶノジュール

　畳ヶ浦では、他《ほか》にも多くの化石を見つけることができます。流木の化石をよく見ると、その表面に筒状《つつじょう》の塊が並んでいることがわかります。これは、木に穴《あな》をあけて生息《せいそく》するフナクイムシという2枚貝の巣穴《すあな》が化石になったものです。他にも、波食棚では、ノムラナミガイなど約40種類《しゅるい》の貝の化石をいたる所で見つけることができます。その多くが南方系《なんぽうけい》の浅瀬《あさせ》に生息《せいそく》する種類《しゅるい》であることからも、約１６００万年前の畳ヶ浦は、温暖《おんだん》な気候《きこう》で浅瀬が広がっていたことがわかります。当時は、現代《げんだい》でいう熱帯《ねったい》のマングローブ林のような環境《かんきょう》だったかもしれません。

貝の化石の中には、貝が密集《みっしゅう》しているものもあります。これは、エイが貝を食べた時の行動によるもので、食べ残した貝殻《かいがら》が化石になったものです。畳ヶ浦では、貝だけでなく、サメの歯《は》やクジラの骨《ほね》など他《ほか》にも多くの化石を観察《かんさつ》することができます。これらの化石からは、当時の環境《かんきょう》や生き物が生息していた様子《ようす》がわかるため、調べるための重要《じゅうよう》な手掛《てが》かりとなっています。

このように、畳ヶ浦《たたみがうら》では、大地の変化や太古の環境を観察することができます。

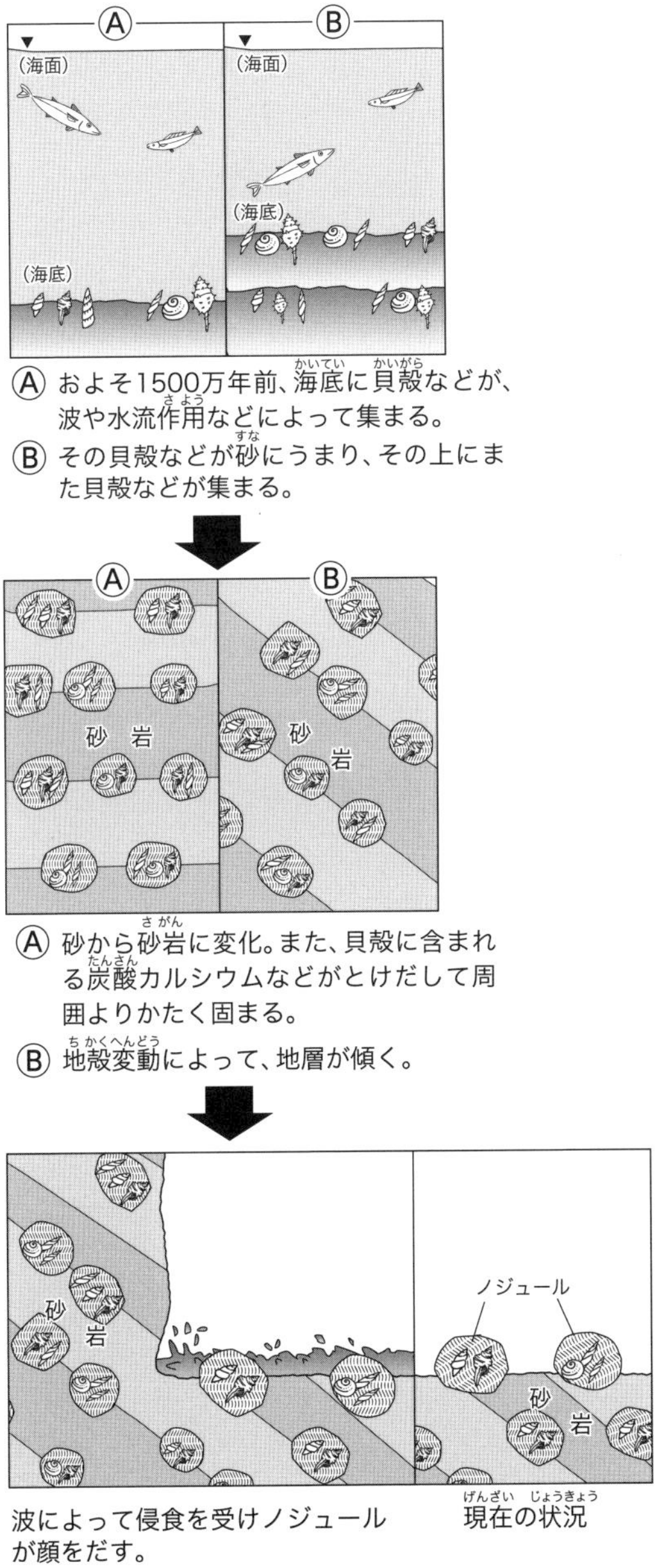

Ⓐ およそ1500万年前、海底《かいてい》に貝殻《かいがら》などが、波や水流作用《さよう》などによって集まる。
Ⓑ その貝殻などが砂《すな》にうまり、その上にまた貝殻などが集まる。

Ⓐ 砂から砂岩《さがん》に変化。また、貝殻に含まれる炭酸《たんさん》カルシウムなどがとけだして周囲よりかたく固まる。
Ⓑ 地殻変動《ちかくへんどう》によって、地層が傾く。

波によって侵食を受けノジュールが顔をだす。
現在《げんざい》の状況《じょうきょう》

図4　ノジュールのでき方

まめ手帳

黄長石《おうちょうせき》霞石《かすみいし》玄武岩《げんぶがん》

黄長石霞石玄武岩は、浜田市長浜町《はまだしながはまちょう》付近の台地《だいち》に見られる約600万年前の玄武岩の一種《しゅ》です。黄長石と霞石を一緒《いっしょ》に含《ふく》む玄武岩はとても珍《めずら》しく、島根県《しまねけん》の天然記念物《てんねんきねんぶつ》に指定《してい》されています。岩石《がんせき》の中からは、約600万年前の海水《かいすい》も発見されました。浜田市内の長浜町、熱田町《あつたちょう》、打田町《うちだちょう》の丘陵地帯《きゅうりょうちたい》や、いわみ文化振興《しんこう》センター内にある石見畳ケ浦《いわみたたみがうら》資料館でも見ることができます。

フナクイムシの巣穴《すあな》の化石

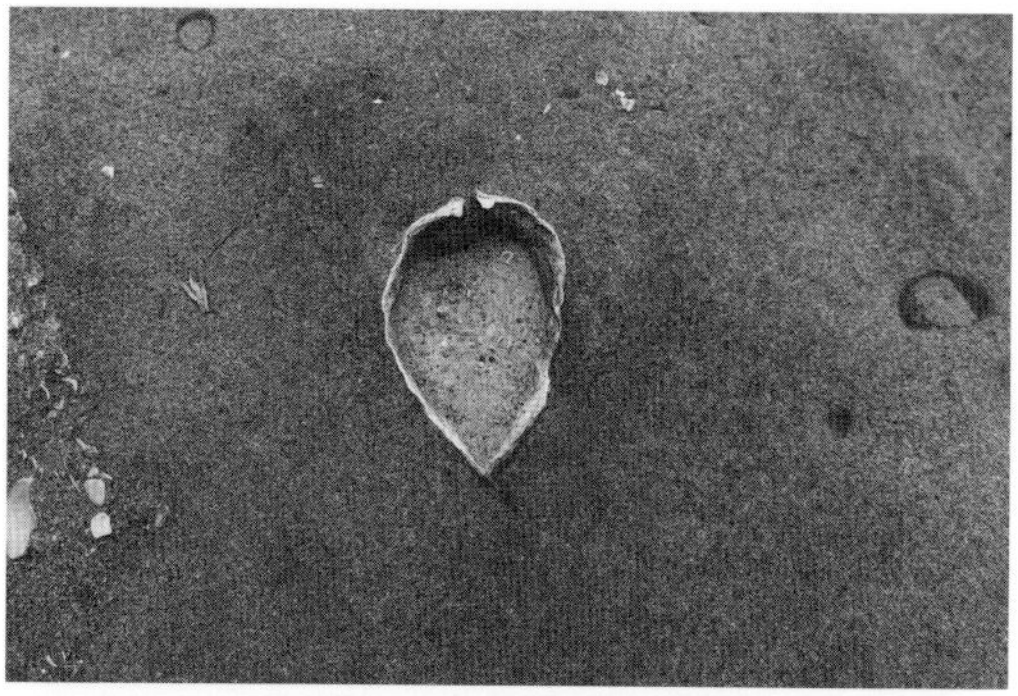

ノムラナミガイの化石

密集する貝の化石

5 高《たか》津《つ》川《がわ》

高津川河口

大地

一級河川《かせん》高津川

高津川は、鹿足郡吉賀町田野原《かのあしぐんよしかちょうたのはら》を水源《すいげん》とし、津和野《つわの》川《がわ》、匹見川《ひきみがわ》等たくさんの支流《しりゅう》を集めながら流れ、日本《にほん》海《かい》にそそいでいる一級河川です。

その流域《りゅういき》の広さは1090㎢、本流の長さは81㎞で、広さ、長さとも、江《ごう》の川《かわ》、斐伊川《ひいかわ》に次《つ》いで島根県《しまねけん》で3番目の川となっています。

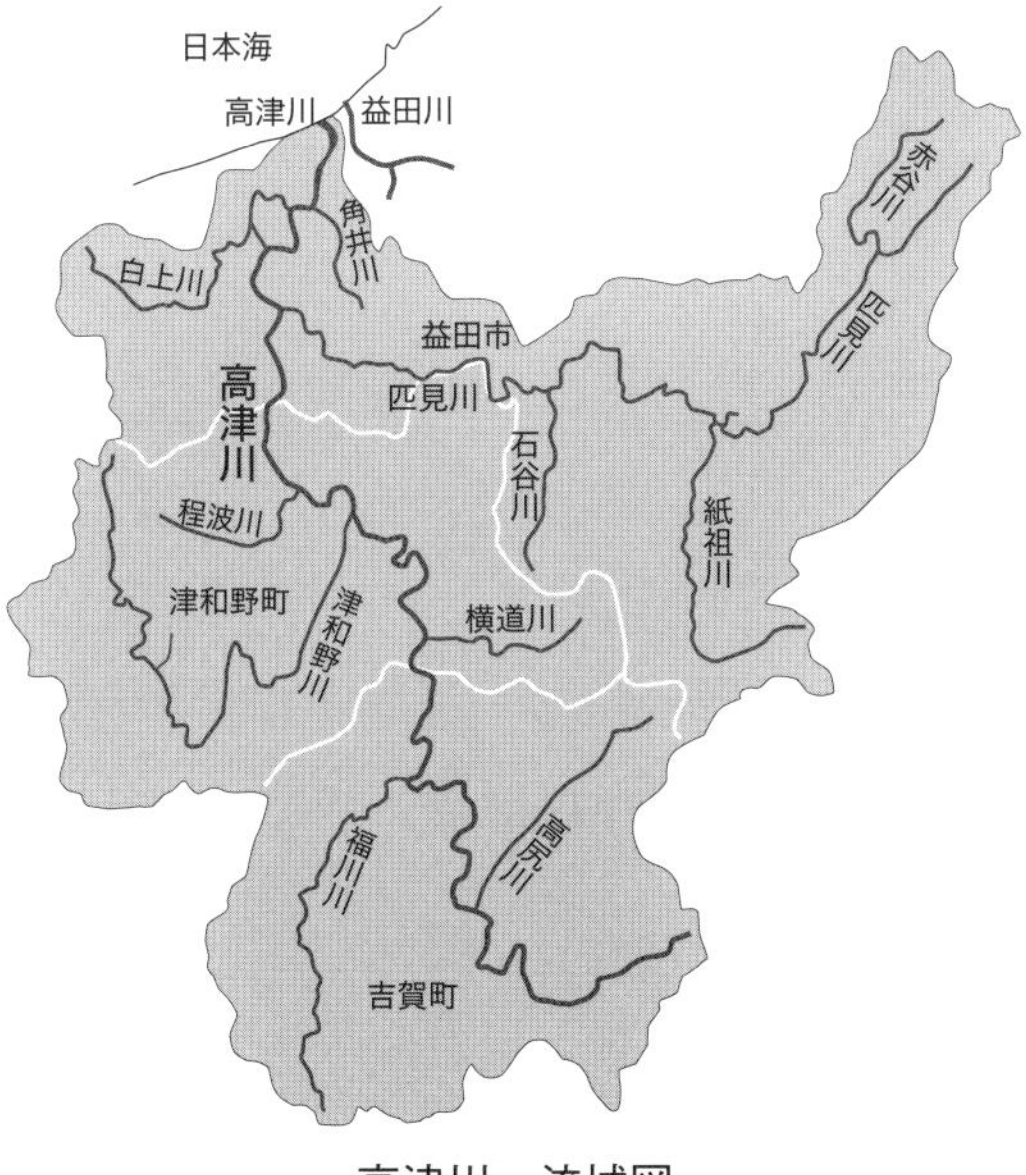

高津川　流域図

大地

高津川《たかつがわ》の上流

高津川の水源《すいげん》「大蛇ヶ池《おろちがいけ》」

高津川の水源は、鹿足郡吉賀町蔵木田野原《かのあしぐんよしかちょうくらぎたのはら》の水源公園にある「大蛇ヶ池」です。「一本杉」と呼《よ》ばれる樹齢《じゅれい》千年以上といわれる杉の大木の根元《ねもと》に泉《いずみ》があり、池の底から水がわき出ているのを見ることができます。これが高津川の始まり、「源流《げんりゅう》」です。

川の水は、山や平野《へいや》に降《ふ》った雨が集《あつ》まったものです。降った雨が地上を流れてそのまま川に流れこむこともありますが、「大蛇ヶ池」のわき水は、いったん土の中にしみこんだ水が、地上にわき出して川に流れ込んでいます。少しずつしみこんだ水は、下へ下へとしみこみ、水を通しにくい地層《ちそう》の上にたまります。このようにたまった水が、地層の境目《さかいめ》や割《わ》れ目《め》などから自然にわき出ているのです。

高津川源流の河川争奪《かせんそうだつ》

しかし、初めから高津川の源流が「大蛇ヶ池」だったわけではありません。かつて高津川は、島根《しまね》県《けん》、広島県《ひろしまけん》、山口県《やまぐちけん》の三つの県の県境《けんきょう》付近にある冠山《かんむりやま》から「大蛇ヶ池」のある田野原へと流れていま

高津川の水源　大蛇ヶ池

した。今よりももっと上流から流れが続いていたのです。けれども、数万年前（おそらく7～5万年前）、約30㎞下流の吉賀町柿木《よしかちょうかきのき》で巨大《きょだい》地すべり（幅《はば》1㎞以上もある地すべり）が起きました。この地すべりによって高津川《たかつがわ》がせき止められて湖《みずうみ》ができ、湖よりも上流の川は短期間でうめ立《た》てられ、谷は湿原《しつげん》へと変わっていきました。堆積《たいせき》と氾濫《はんらん》をくり返すうちに、ついに日本《にほん》海側《かいがわ》に流れていた川は、瀬戸内海《せとないかい》へと流れこみ、河川《かせん》争奪《そうだつ》が起きたと考えられています。このことにより、高津川は、その上流域《じょうりゅういき》を大きく失いました。

現在《げんざい》、かつての高津川上流で堆積作用《たいせきさよう》によってつくられた広々《ひろびろ》とした平地が六日市町新田《むいかいちちょうしんた》から山口県側《やまぐちけんがわ》にかけて広がっていますが、それを横断《おうだん》するように平地を深々《ふかぶか》と切り込《こ》んで深谷川《ふかたにがわ》が流れています。もとの高津川面から、幅200～300ｍ、深さ80～100ｍ削《けず》りこみ、今では、山口県側へと流れ、錦川《にしきがわ》に合流《ごうりゅう》し、瀬戸内海へと注《そそ》いでいます。

こうして、上流を失《うしな》った高津川の源流《げんりゅう》は、大蛇ケ池《おろちがいけ》となったのです。

高津川の平野《へいや》を切りこむ深谷川（渡辺勝美氏撮影《さつえい》）

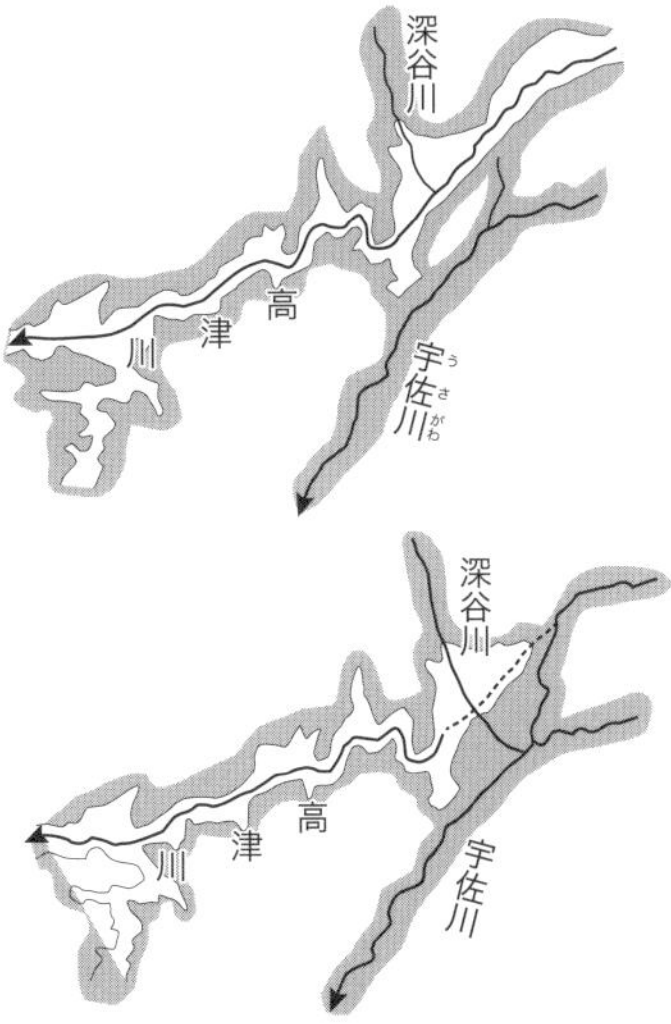

河川争奪前と後の川

まめ手帳

水力発電《すいりょくはつでん》

高津川流域《たかつがわりゅういき》には水力発電所があります。いずれも、上流から高度差のある下流地点まで水路を引き、その落差《らくさ》を利用《りよう》した発電です。

川の水は、川の端《はし》にある取水《しゅすい》ぜきから導水路《どうすいろ》を通って、発電所へと流れこみます。水が流れ落ちる勢《いきお》いで水車を回し電気をつくります。

水力発電は、太陽光《たいようこう》、風力発電等と同じく、温室効果《おんしつこうか》ガスを排出《はいしゅつ》せずに発電できる、「再生可能《さいせいかのう》エネルギー」です。水力発電は風力や太陽光に比《くら》べてエネルギー源《げん》となる水量が変動しないため、安定した出力、発電電力量を得《え》ることができます。

吉賀町《よしかちょう》柿木《かきのき》の水力発電所

動物
大地

アユと高津川《たかつがわ》の中流域《ちゅうりゅういき》

アユの絶好《ぜっこう》の漁場《ぎょじょう》、中流域

鹿足郡吉賀町蔵木田野原《かのあしぐんよしかちょうくらぎたのはら》の「大蛇ケ池《おろちがいけ》」から始まった川の流れは、高尻川《たかじりがわ》、福川川《ふくがわがわ》、津和野川《つわのがわ》といくつもの支流《しりゅう》を集めながら、日本海《にほんかい》へ流れ出ていきます。

鹿足郡津和野町日原《つわのちょうにちはら》の道の駅「シルクウェイにちはら」の親水《しんすい》公園辺《あた》りにくると川幅《はば》も広がり、河原の石も丸みを帯《お》び、河原《かわら》が広がる様子《ようす》が観察《かんさつ》できます。また、河原の対岸《たいがん》が削《けず》られている様子から、流れる水の侵食《しんしょく》の様子がうかがえます。

津和野川の合流点から匹見川《ひきみがわ》合流点の間は、瀬《せ》と淵《ふち》が連続して形成《けいせい》される典型《てんけい》的な中流域の河床《かしょう》となっており、高津川名産《めいさん》のアユの絶好《ぜっこう》の漁場となっています。アユは、秋に高津川の河口《かこう》近くで孵化《ふか》し、河口から遠くない範囲《はんい》の海に出て育ち、春になると5～10㎝の稚魚《ちぎょ》となり川をさかのぼり始めます。資源保護《しげんほご》のため、アユを釣《つ》ってよい期間が高津川漁業《ぎょぎょう》協同組合《きょうどうくみあい》で決められています。

平地へ流れ出た辺りの高津川

平地へ流れ出た辺りの上空《じょうくう》からの写真

大地くらし

高津川《たかつがわ》と益田平野《ますだへいや》

洪水《こうずい》により変化する川の流れ

益田平野は、高津川と益田川によって形成《けいせい》された平野です。

益田平野は古くから洪水が多く発生《はっせい》してきました。古墳《こふん》時代頃《ごろ》には高津川と益田川はつながっていて、二つの川が運んできた土や石によって、中島《なかしま》、中須《なかす》、大塚《おおつか》、高津の土地ができました。江戸時代《えどじだい》初め頃に高津川が氾濫《はんらん》して益田川に流れこみました。その頃、もとの高津川の東側の益田平野を浜田《はまだ》藩《はん》が治めることになりました。よその藩を通らないと船で海に荷物《にもつ》を運べなくなった津和野藩《つわのはん》は、藩の領地《りょうち》にそって川を掘《ほ》り港を造りました。大洪水と川のつけ替《か》え工事により川の流れが何度か変わり、江戸時代終わり頃に起きた大洪水の後、高津川と益田川は、ほぼ現在《げんざい》に近い形になりました。

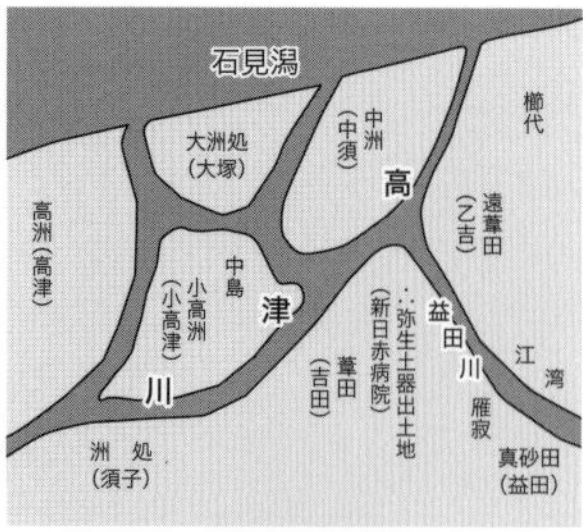

古墳時代頃

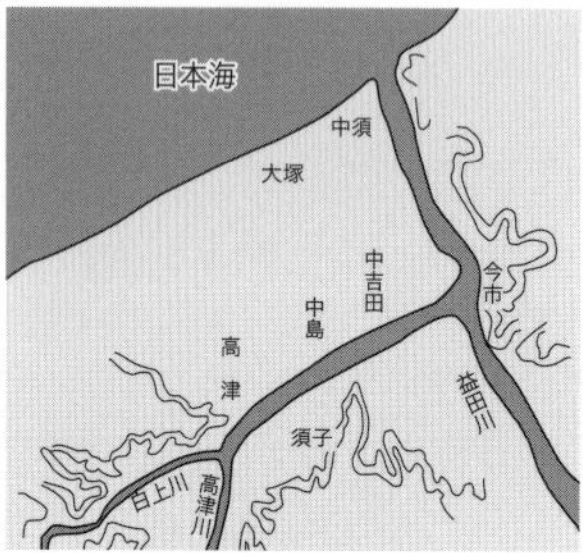

江戸時代初め頃

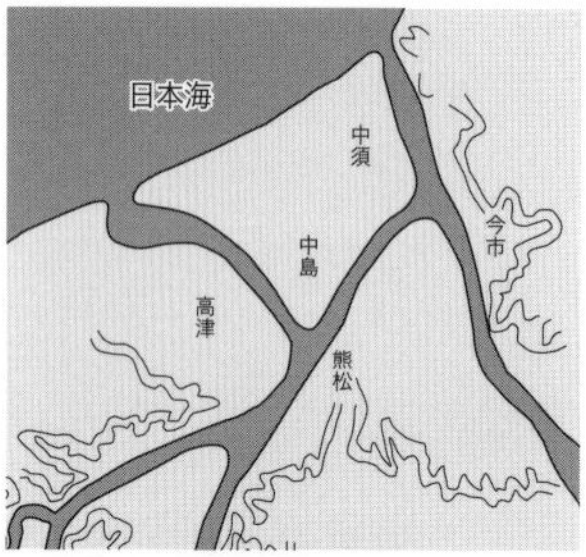

江戸時代中頃

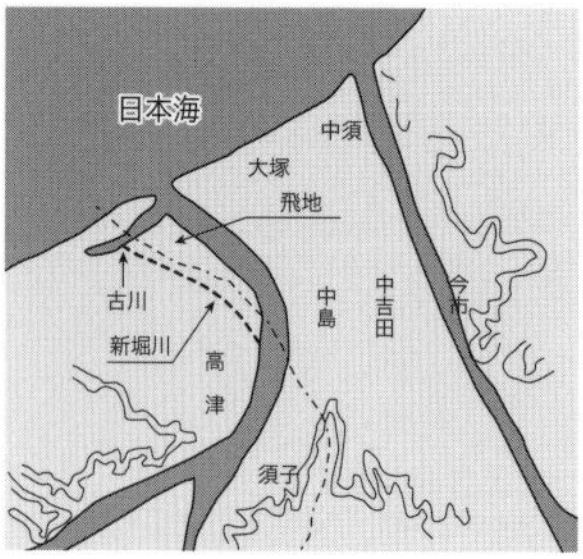

江戸時代終わり頃

洪水から暮らしを守るために

近年の主《おも》な水害《すいがい》では、戦後最大の流量《りゅうりょう》を計測《けいそく》し、堤防《ていぼう》のけっかいが続出した１９７２年の洪水や、

1983年、1997年の洪水《こうずい》において浸水被害《しんすいひがい》が発生《はっせい》しています。

度重《たびかさ》なる洪水から暮《く》らしを守るために、高津川《たかつがわ》では様々《さまざま》な工夫《くふう》がされてきました。

益田市《ますだし》の安富町《やすとみちょう》では、水の流れの勢《いきお》いを制御《せいぎょ》するために「聖牛《ひじりうし》」が見られます。これは、伝統的《でんとうてき》な工法《こうほう》の一つで、丸太を組んで三角錐《すい》を横に倒《たお》したような形をしており、それが牛の角のように見えることから名づけられたといわれています。また、江戸時代《えどじだい》、津和野藩《つわのはん》による川のつけ替《か》え工事に起源《きげん》をもつ、益田市飯田《いいだ》の派川《はせん》には日頃は水が流れていませんが、大水《おおみず》の時にはこの川に水が流れこむことで、川の水の量を調節して洪水をふせいでいます。

現在《げんざい》も、雨量観測所《うりょうかんそくじょ》や水位観測所《すいいかんそくじょ》の設置《せっち》や、堤防《ていぼう》の整備《せいび》などの改修工事《かいしゅう》が行われ、洪水から田畑や家を守っています。

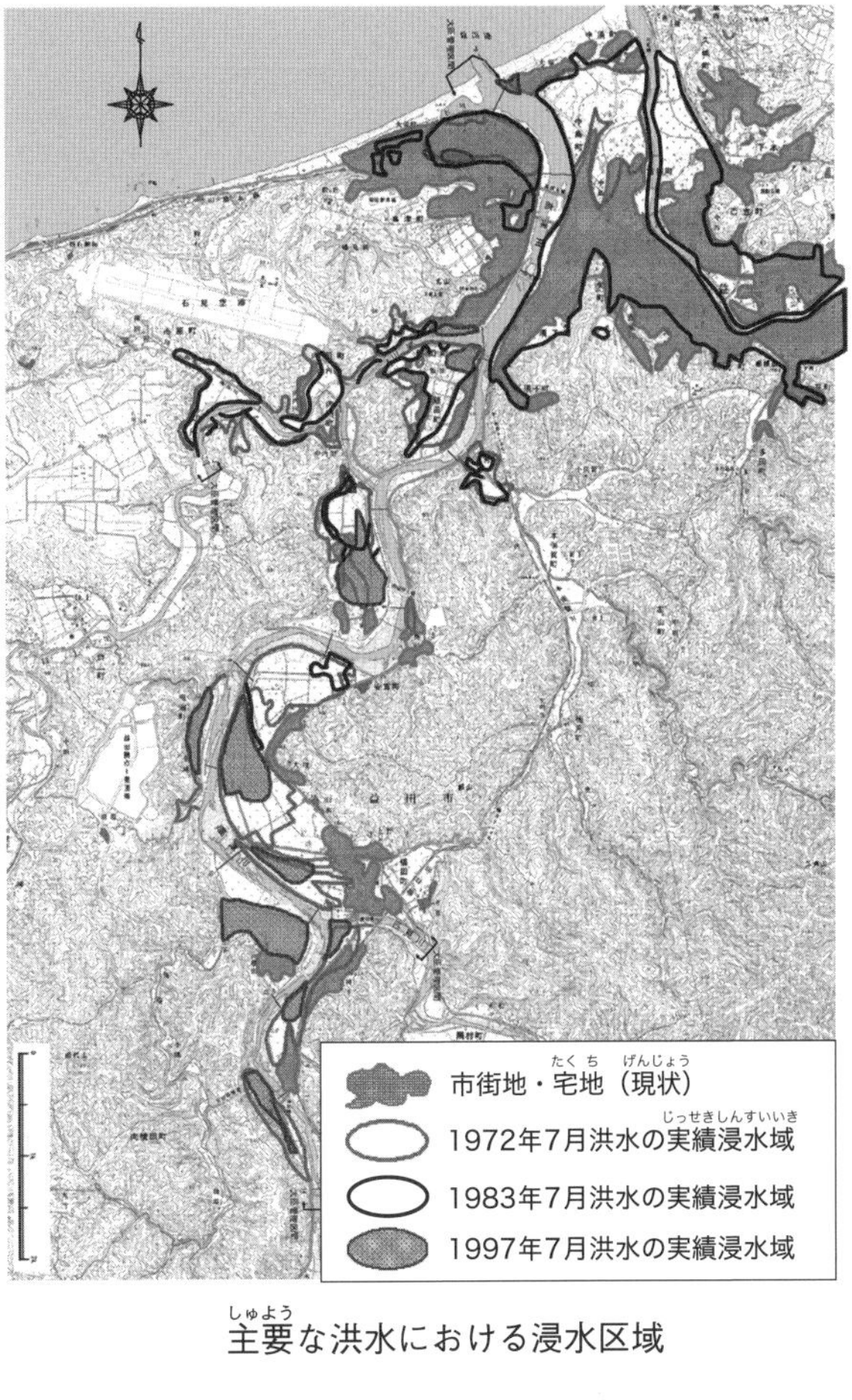

主要《しゅよう》な洪水における浸水区域

益田市安富町の聖牛

動物

高津川《たかつがわ》の生き物

いろいろな魚がすむ川

高津川には主流をせき止める大きなダムがなく、堰《せき》等が少なく、河口《かこう》から14km辺《あた》りまでは魚類が自由に移動《いどう》できます。また、瀬《せ》や淵《ふち》が多い河床《かしょう》が保たれていることもあり、アユ、ヨシノボリ類、コイ、ウナギ等の多くの魚類が見られます。河口付近では、クロダイ、ヒラメ、サヨリなど、海から入ってくる魚も見られます。

高津川周辺の小学校では、地域《ちいき》の方々にお世話になり、環境学習《かんきょう》で「ガサガサ」という方法で生き物調査《ちょうさ》を行っている学校がたくさんあります。

まめ手帳

絶滅危惧種《ぜつめつきぐしゅ》ヒメバイカモを守る

ヒメバイカモは、草丈《くさたけ》が30～100cmの水草です。5月から8月にかけて、1cm弱の大きさの白い花を咲《さ》かせます。高津川の上流吉賀町《よしかちょう》に生息《せいそく》しています。

絶滅のおそれが高いため、島根県《しまねけん》の条例《じょうれい》によって、採取《さいしゅ》などが禁止《きんし》されています。また、絶滅のリスクを下げるため、ボランティアの方々が移植栽培《いしょくさいばい》したり、生育状況《せいいくじょうきょう》を観察《かんさつ》したりして守っています。

吉賀町のヒメバイカモ
（河野洋司氏撮影《さつえい》）

上流域《じょうりゅういき》で見られる魚

ゴギ

ゴギは、イワナの仲間《なかま》で、川の最上流《さいじょうりゅう》に生息《せいそく》する「幻《まぼろし》の魚」と言われています。勾配《こうばい》が急で、大きな岩がある場所で、水の流れの良い物かげを好《この》みます。体型は丸太型で、大きい口をしています。イワナとよく似ていて、体に白い斑《はん》点がありますが、それが頭の先まであることでイワナと区別されます。

イシドジョウ

シマドジョウによく似《に》ている川ドジョウです。１９７０年に、高津川《たかつがわ》で新種《しんしゅ》として発見されました。きれいな川の上流の石の多いところにすんでいます。体は小さく、成魚《せいぎょ》でも５～７cmの大きさです。雑食性《ざっしょくせい》で、小型の水生昆虫《すいせいこんちゅう》や石についた藻《も》などを食べています。

オヤニラミ

体は平《ひら》べったく、タイに似た形をしています。えらの後《うし》ろに大きな目のような模様《もよう》があり、「ヨツメ」とも呼《よ》ばれます。産卵《さんらん》後、オスは産《う》み付けられた卵《たまご》が仔魚《しぎょ》になるまで守りますが、メスの方は産卵が終わると追いはらわれてしまいます。縄張《なわば》り意識《いしき》が強いのも有名です。高津川では吉賀町《よしかちょう》の一部にのみ生息しています。

中流域《ちゅうりゅういき》で見られる魚

イシドンコ

島根県西部《しまねけんせいぶ》と山口県《やまぐちけん》の日本《にほん》海《かい》に注ぎこむ川の上《じょう》・中流域《ちゅうりゅういき》に分布《ぶんぷ》しています。２００２年に匹見川《ひきみがわ》で見つかり新種《しんしゅ》として発表されました。ハゼの仲間ですが吸盤《きゅうばん》はなく、腹《はら》びれは左右に完全に分かれます。ドンコよりもスマートで、胸《むな》びれのつけ根《ね》に二つの黒斑《こくはん》があるのが特徴《とくちょう》です。

ギギ

高津川《たかつがわ》でよく見られる魚です。体形はナマズに似《に》ていますが、尾びれの形が異《こと》なり、深く切れ込《こ》んでいるのが特徴《とくちょう》です。長い口ひげが8本あります。胸《むな》びれ、背《せ》びれにとげがあり、刺《さ》されるととても痛《いた》いです。胸びれの関節をこすりあわせて「ギギ」と音を出すのが名前の由《ゆ》来《らい》となっています。

カワヨシノボリ

ハゼの仲間《なかま》です。ヨシノボリの仲間は孵化《ふか》した後、川を下《くだ》り、海で成長し、再《ふたた》び川をさかのぼる仲間が多いのですが、カワヨシノボリの稚魚《ちぎょ》は海におりず、一生を淡水《たんすい》で過《す》ごします。

体長は６㎝ほどで、ハゼの仲間共通の吸盤《きゅうばん》になった腹《はら》びれをもっています。

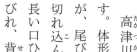

下流域《かりゅういき》で見られる魚

ドンコ

中流域《ちゅうりゅういき》から下流域でよく見られるハゼの仲間《なかま》です。体長は20～25㎝と大きく、色は茶色で、黒い帯《おび》が3本あります。他《ほか》のハゼに比《くら》べて頭部が大きく、横幅《はば》があり、押《お》しつぶされたように平《ひら》べったい体型をしています。夜行性《やこうせい》で、昼間は岩や流木の下等、物かげにひそんでいます。

ナマズ

成魚《せいぎょ》の体長は60㎝ほど。ウロコがなく、表面はヌルヌルしています。長い口ひげが2本と、短い口ひげが2本、合わせて4本のひげが生《は》えています。稚魚《ちぎょ》の時には、さらに下あごにもう一対2本のひげがありますが、大きくなると消失します。

ボラ

全長90㎝以上に達《たっ》する大型魚で、ウロコが大きい。成魚になると、水面上《すいめんじょう》を体長の2、3倍ほどの高さまで飛びはねます。

ふだんは河口《かこう》付近に生息《せいそく》していますが、幼魚《ようぎょ》のうちは群《む》れをなして川をさかのぼります。この群れは、川をうめ尽《つ》くすほどになることもあります。

6 西中国山地《にしちゅうごくさんち》

大地

硬《かた》い岩石《がんせき》からできている山

スベスベの石が教えてくれる日本列島の成《な》り立《た》ち

島根県西部《しまねけんせいぶ》を流れる日本有数の清流、高津川《たかつがわ》。その河原《かわら》では、硬くてスベスベとした手触《てざわ》りの石ころがよく見られます。そんなスベスベした石ころを拾ってルーペで見てみると、小さなツブツブが入っていることがあります。このツブツブの正体は、放散《ほうさん》虫《ちゅう》というガラス質《しつ》の殻《から》を持つプランクトンの化石で、約2億9000万年前〜2億年前のものです。

高津川の河原で見られるスベスベの石は、この放散

層《そう》になったチャートと河原の礫《れき》となったチャート（右下）

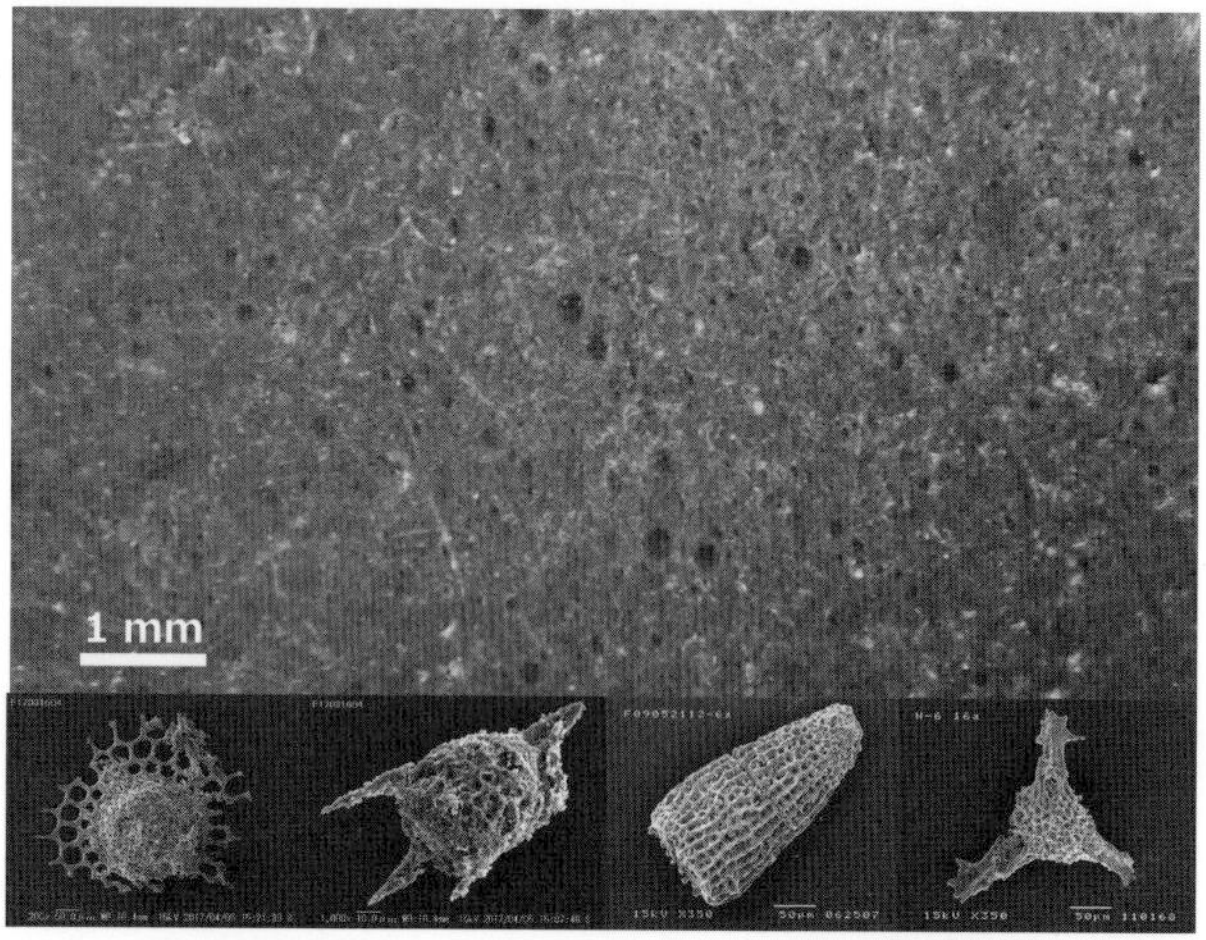

放散虫の化石（上：ルーペ　下：電子顕微鏡《でんしけんびきょう》）

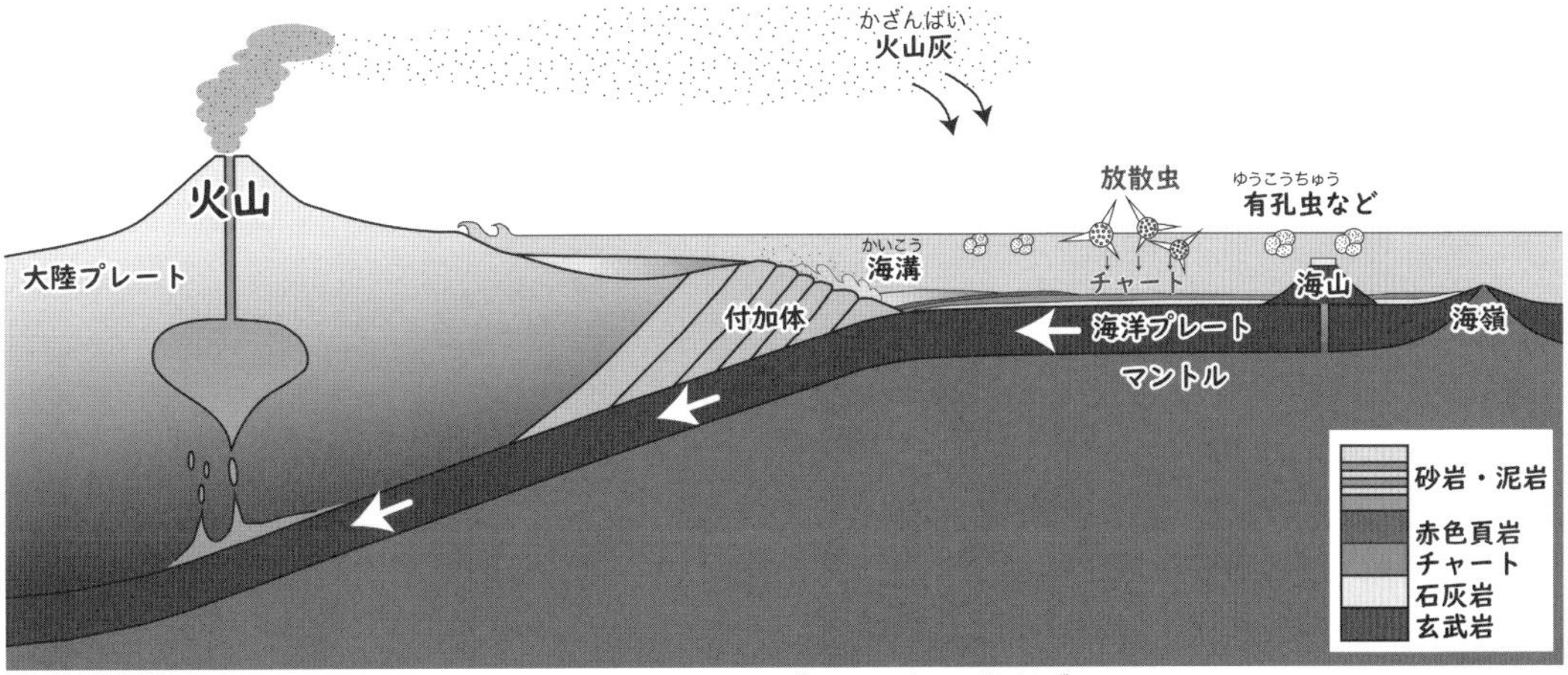

日本列島のような沈《しず》み込《こ》み帯《たい》の断面図《だんめんず》

虫の殻《から》が固まってできた、「チャート」という石です。高津川《たかつがわ》が流れる益田市《ますだし》、津和野町《つわのちょう》、吉賀町《よしかちょう》には、約2億7000万〜1億7000万年前の、砂岩《さがん》や泥岩《でいがん》がごちゃ混《ま》ぜになった地層《ちそう》が見られます。チャートは、そのような地層の中に点々と含《ふく》まれています。場所によっては、きれいに層になっているチャートの崖《がけ》も見ることができます。それらが高津川の流れに侵食《しんしょく》され、河原《かわら》の石ころになっているのです。

ところで、チャートという岩石《がんせき》は、陸地から遠く離《はな》れた沖合《おきあい》の、深い海の底に、放散虫《ほうさんちゅう》の殻がたくさん堆積《たいせき》することでできます。陸地が近いと、土砂《どしゃ》や、石灰質《せっかいしつ》の殻を持つプランクトンなどが混《ま》ざってしまうので、チャートにはならないのです。

ところで、なぜ陸地から遠く離れた深海《しんかい》でできた岩石が、現在《げんざい》の島根県で見られるのでしょうか。その理由には、日本列島《れっとう》の成《な》り立《た》ちが大きく関係しています。地球の表面は、複数《ふくすう》の岩の板によって覆《おお》われており、まるで巨大《きょだい》なジグソーパズルのようになっています。この地球の表面を覆う岩の板をプレートといい、陸地をつくっている大陸《たいりく》プレートと、海底《かいてい》をつくっている海洋《かいよう》プレートの２種類《しゅるい》があります。このうち海洋《かいよう》プレートは、海嶺《かいれい》という、海の真ん中にある帯《おび》のように長く続く海底火山《かいていかざん》で生まれて、１年に数cmの速度で移動《いどう》していきます。この移動の途中《とちゅう》の、陸地から遠く離《はな》れた沖合《おきあい》の海で、放散虫《ほうさんちゅう》の殻《から》がたくさん海底に降《ふ》り積《つ》もりました。これが、チャートのもととなります。

その後も海洋プレートは移動を続け、やがて海洋プレートと大陸プレートの境目《さかいめ》である海溝《かいこう》までやってきます。海溝には、陸地から運ばれてきた大量の土砂《どしゃ》がたまっています。チャートのもとは、海洋プレートが大陸プレートに沈《しず》み込《こ》むときに、海溝にたまっている大量の土砂と一緒《いっしょ》に陸側に押《お》しつけられ、はぎ取られます。こうしてできた地層《ちそう》を付加体《ふかたい》といいます。付加体は、長い時間をかけて隆起《りゅうき》し、島根県《しまねけん》はもちろん、日本列島《れっとう》の土台となっています。小さな放散虫の化石は、スケールの大きな地球の活動と、日本列島の成《な》り立《た》ちを教えてくれているのです。

ジュラ紀の海

アンモナイトは、約４億年前にオウムガイの仲間《なかま》から進化し、恐竜《きょうりゅう》のいた中生代《ちゅうせいだい》には大繁栄《だいはんえい》したものの、約６６００万年前に、恐竜などと一緒に絶滅《ぜつめつ》してしまった生き物です。よく知られた古生物《こせいぶつ》ですが、山陰地方《さんいんちほう》では吉賀《よしか》町《ちょう》でしか見つかっていません。アンモナイト化石の産地は、沢《さわ》をしばらく登った山奥《やまおく》にあります。硬《かた》くて黒っぽい泥岩《でいがん》をしばらく割《わ》り続けると、数は多くはないですがアンモナイトの化石が見つかります。小さいものが多く、殻は溶《と》けてしまっていて、岩石《がんせき》と同じ色をしていて、少し

アンモナイトの化石（吉賀町）

裏匹見峡の溶結凝灰岩《ようけつぎょうかいがん》

溶結凝灰岩に見られる溶結レンズ

わかりにくいです。しかし、うずまきのような模様《もよう》は確《たし》かにアンモナイトです。吉賀町《よしかちょう》から見つかるアンモナイトは、約1億9000万年前の中生代《ちゅうせいだい》ジュラ紀という時代の前期のもので、アンモナイトが見つかる地層《ちそう》は樋口層群《ひぐちそうぐん》と呼《よ》ばれています。この時代の地層は全国的にも珍《めずら》しく、とても貴重《きちょう》なものです。また吉賀町からは、二枚貝や植物といった、アンモナイト以外の化石も見つかっています。同じ時代に生きていた魚竜《ぎょりゅう》や首長《くびなが》竜《りゅう》の化石も、いつか見つかるかもしれません。なお、この吉賀町の化石産地《さんち》は、私有地《しゆうち》にあるため自由に化石を採取《さいしゅ》することはできませんが、実物の化石を三瓶自然館《さんべしぜんかん》で見ることができます。

大噴火《ふんか》の痕跡《こんせき》

切り立つ断崖《だんがい》や、滝《たき》、淵《ふち》が続く裏匹見峡《うらひきみきょう》。その急流《きゅうりゅう》に沿《そ》って自然探勝歩道《しぜんたんしょうほどう》が整備《せいび》されており、自然観察《しぜんかんさつ》には絶好《ぜっこう》の場所になっています。川沿《かわぞ》いの崖《がけ》を見てみましょう。割《わ》れ目《め》が多く入っています。岩石《がんせき》を間近でよく観察《かんさつ》してみると、薄《うす》くて黒っぽい、黒曜石《こくようせき》のようなものが含《ふく》まれていることがあります。これは溶結《ようけつ》レンズといい、大規模《だいきぼ》な火砕流《かさいりゅう》によって、大量の火山灰《かざんばい》や軽石《かるいし》が一度に積もった結果、軽石などが熱と重《おも》みで溶《と》けてつ

折れ曲がりながら流れる広見川《ひろみがわ》（裏匹見峡谷《きょうこく》）

節理や断層《だんそう》が発達する花崗岩《かこうがん》（飯南町《いいなんちょう》）

ぶれてしまうことでできたものです。溶結《ようけつ》レンズは、かつて大《だい》規模《きぼ》で爆発的《ばくはつてき》な火山噴火《かざんふんか》があったことを教えてくれています。この巨大《きょだい》火山の噴火は、中生代白亜紀《ちゅうせいだいはくあき》の後期、約9000万〜8000万年前に起《お》きたと考えられています。厚《あつ》さ3000mにおよぶ大量の噴出物《ふんしゅつぶつ》は、匹見層群《ひきみそうぐん》と呼《よ》ばれています。

川の流れと岩石《がんせき》の関係

溶結レンズが見られる岩石を溶結凝灰岩《ようけつぎょうかいがん》といいます。溶結凝灰岩は、火山灰《かざんばい》や軽石《かるいし》などが一度溶《と》けてからしっかりと固まったものなので、とても硬《かた》く、川の流れによる侵食《しんしょく》にも強いです。一方、溶結凝灰岩には節理《せつり》という割《わ》れ目《め》がたくさん見られます。節理とは、溶岩《ようがん》などが冷《ひ》えて固まる時に、わずかに体積《たいせき》が縮《ちぢ》むことでできます。また、地殻変動《ちかくへんどう》によってできるものもあります。川の流れによる侵食作用《さよう》は、この節理に沿《そ》って進んでいくため、裏匹見峡《うらひきみきょう》の渓流《けいりゅう》は、ジグザグに折れ曲がったり、節理の集中している場所に淵《ふち》ができたりしています。

また、匹見峡の周辺の川は、北東《ほくとう》─南西《なんせい》方向に流れていることが多いです。これは、中国地方《ちゅうごくちほう》の西部《せいぶ》によく見られる北東─南西方向の断層《だんそう》に沿って川がつくられているからです。断層が動くと、その周《まわ》りの岩石はこすり合わされて壊《こわ》されていき、最《さい》後《ご》には粘土《ねんど》となってしまいます。このような場所を断層破砕帯《だんそうはさいたい》といい、もともとの岩石《がんせき》よりはるかに侵食《しんしょく》に弱くなります。川の流れによる侵食が集中することで、深い谷が同じ方向に続いているのです。

恐竜《きょうりゅう》がいた時代の巨大《きょだい》カルデラ

島根県唯一《しまねけんゆいいつ》の活火山《かっかざん》である三瓶山《さんべさん》では、約5万年前の噴火《ふんか》によって直径が約5kmのカルデラがつくられました。また、隠岐《おき》の島前《どうぜん》カルデラは、約630万～530万年前の火山活動《かざんかつどう》によってできた、直径が約10kmのカルデラです。いずれもカルデラの特徴的《とくちょうてき》な地形が観察《かんさつ》できることから、よく知られた存在《そんざい》です。しかし、島根県にはもっと巨大なカルデラの痕跡《こんせき》が残されていることを知っているでしょうか。

島根県における中生代《ちゅうせいだい》火山岩類とカルデラの分布《ぶんぷ》

さきに紹介《しょうかい》した、約9000万～8000万年前の巨大火山の噴出物《ふんしゅつぶつ》である匹《ひき》見層群《みそうぐん》について、その地下の様子《ようす》を確認《かくにん》するための調査《ちょうさ》が行われています。地面に孔《あな》をあけて、地下の岩石を採取《さいしゅ》するボーリングという調査《ちょうさ》や、地震波《じしんは》を使った調査の結果、匹見層群は、断層《だんそう》によってできた大きなくぼ地にたまったものであることがわかりました。このくぼ地は、カルデラの痕跡《こんせき》だと考えられています。地表の匹見層群《ひきみそうぐん》の分布《ぶんぷ》から推測《すいそく》されたカルデラの規模《きぼ》は、北東《ほくとう》―南西《なんせい》方向に約70

km、北西《ほくせい》―南東《なんとう》方向に10～20kmと、山口県《やまぐちけん》や広島県《ひろしまけん》にまたがるほど大きなものです。現在《げんざい》も残っている日本最大《さいだい》のカルデラである北海道《ほっかいどう》の屈斜路湖《くっしゃろこ》カルデラが、東西が約26km、南北が約20kmですので、このカルデラがいかに巨大《きょだい》であるかがわかります。

実は中国地方《ちゅうごくちほう》の西部《せいぶ》には、このような巨大カルデラの痕跡《こんせき》がいくつも残されてます。当時はまだ日《に》本海《ほんかい》はなく、日本はアジア大陸の東の端《はし》にありました。そこでは、巨大な火山《かざん》がたくさんあって、現在よりもずっと激《はげ》しく噴火《ふんか》が起こっていたのでしょう。

まめ手帳

日本最古《さいこ》の岩石《がんせき》

２０１９年、これまで日本で知られているなかで最《もっと》も古い、約25億年前の岩石が津和野町《つわのちょう》で見つかったと発表されました。見つかったのは、花崗岩《かこうがん》が熱や圧力《あつりょく》を受けて変化した花崗片麻岩《かこうへんまがん》という岩石で、かつて古い大陸の一部だったと考えられています。津和野町は、「日本地質学《にほんちしつがく》・岩石学の父」とも呼《よ》ばれる日本最初《さいしょ》の地質学者・小藤文次郎《ことうぶんじろう》博士《はかせ》の出身地《しゅっしんち》でもあります。そんな津和野町から、日本列島《れっとう》の成《な》り立《た》ちが明らかになるかもしれません。

約25億年前の花崗片麻岩（津和野町）

安蔵寺山のブナ林

植物

大切なブナ林

西中国山地《にしちゅうごくさんち》のブナ林

島根県《しまねけん》の南部《なんぶ》には、山陰地方《さんいんちほう》と山陽地方《さんようちほう》を分ける中国山地が東西《とうざい》に延《の》びており、そこには標高《ひょうこう》１０００ｍを超《こ》える山々が連《つら》なっています。中国山地のなかでも、県南西部《なんせいぶ》、広島《ひろしま》県《けん》と山口県《やまぐちけん》との県境《けんきょう》付近は、恐羅漢山《おそらかんざん》、安蔵《あぞう》寺山《じさん》、寂地山《じゃくちさん》など、１２００ｍを超える山々が連なり、西中国山地と呼《よ》ばれています。このうち恐羅漢山は標高１３４６ｍで、島根県内で最《もっと》も高い山です。西中国山地はとても山深いため、ブナなどの大木が茂《しげ》る自然に近い森林が残ってきました。近年では、森林の伐採《ばっさい》が進んだり、スギやヒノキの植林が進んだりして、大きな木が残る自然林は少なくなっています。それでも、西中国山地には点々とブナ林が残っており、島根県の山地帯《さんちたい》を象《しょう》徴《ちょう》する森林の姿《すがた》を見ることができます。

ブナ林の特徴《とくちょう》

ブナ林の特徴は、その名のとおり、ブナという木が森林の中心となっていることです。ブナは大きなものでは高さ30ｍを超《こ》える落葉広葉樹《らくようこうようじゅ》で、日本では比較的涼《ひかくてきすず》しい地域《ちいき》に生《は》えています。そのため島《しま》根県《ねけん》内では、中国山地《ちゅうごくさんち》をはじめとして、標高《ひょうこう》が６００ｍを超える高い場所でしか見ることはできません。西中国山地《にしちゅうごくさんち》などのブナ林では、ブナのほか、ミズナラやオオイタヤメイゲツなどの落葉広葉樹や、スギ（アシウスギ）が混《ま》じり、森林の一番上の層《そう》をつくります。その下には、ヤマボウシ、オオカメノキ、ナナカマドなど、やや低い木が生えています。さらにその下には、クロモジやハイイヌガヤなどの低木や、ササ類、スミレの仲間《なかま》などの草花が生えています。ブナ林をはじめ、多くの森林では高さの違《ちが》う木々が、いくつかの層《そう》をつくっています（森林の階層構造《かいそうこうぞう》といいます）。

ちなみに、ブナの名前は、風がその林の中を吹《ふ》き抜《ぬ》ける時に「ブーン」と音

ブナの葉と果実《かじつ》

森林の模式図《もしきず》

カタクリ

クロモジ

が鳴《な》ることが由来《ゆらい》と言われています。また、漢字では「橅《ぶな》」と書きますが、これは、材木としては使い道が少ないため、「木では無い」との意味を込《こ》めてつけられたと言われています。これだけ聞くと、役に立たない木のように思うかもしれません。ところが最近《さいきん》では、ブナ林は様々《さまざま》な価値《かち》をもち、かけがえのない森林であることがわかってきています。

四季《しき》を彩《いろど》る草花

ブナ林の中には、ブナのほかにもたくさんの種類《しゅるい》の木や草花が生《は》えています。早春、木々がまだ葉を広げる前、クロモジ、オオカメノキ、タムシバなどの木々が花を咲《さ》かせ、林の下ではスミレサイシン、ミヤマカタバミ、ヒトリシズカ、カタクリ、ヤマエンゴサクなどの草が花を咲かせます。クロモジは黄緑色の花を咲かせますが、枝《えだ》や幹《みき》を折ると、とても爽《さわ》やかな芳香《ほうこう》がするため、爪楊枝《つまようじ》やお茶の材料にされます。カタクリやヤマエンゴサクは、上の木々の葉が開く前に花を咲かせて実をつけて、木々の葉が開く頃には、地上部を枯《か》らして翌春《よくしゅん》まで地面の下で眠《ねむ》る生活をします。春にだけ姿《すがた》を現《あらわ》すことから、春の妖精《ようせい》（スプリング・エフェメラル）と呼《よ》ばれています。春先はたくさんの草花が見られる季節ですので、これらの花を楽しみに多くの人たちが登山をします。

初夏のころは、木やツルの花が増《ふ》える季節です。白い花がきれいなヤマボウシやエゴノキ、青色が美しいヤマアジサイやコアジサイが林の下で目立《めだ》ちます。木の幹《みき》に巻《ま》き付きながら延《の》びていくツルアジサイやイワガラミなども、たくさんの白い花が目を引きます。ヤマアジサイやツルアジサイの花をよく見ると、内側に小さな粒《つぶ》のような集まりがあり、外側に数個の花びらを付けているように見えます。一見すると外側が花のように見えますが、実は虫をおびき寄《よ》せるための飾《かざ》りです。中央にあるのが小さな花の集まりで、拡大《かくだい》してみると、おしべとめしべがあるのがわかります。ちなみに、庭などに植えられるアジサイは品種改良《ひんしゅかいりょう》されて、全ての花が飾《かざ》り花になったものです。

ヤマアジサイ

ブナ林のめぐみ

ブナ林の中を歩くと、土がとてもフワフワしています。ブナなどの落ち葉が降《ふ》り積《つ》もり、土の中の小さな生き物たちが分解《ぶんかい》してできた森の土は、スポンジのようにたくさんの隙間《すきま》があるため、フワフワになるのです。このような土は、降った雨を貯《た》めておき、ゆっくりと下流へ流すことができます。「緑のダム」と呼《よ》ばれていて、しばらく雨が降らないのに、川などの水がかれないのは、このおかげです。

町なかの空き地などに雨が降ると土砂《どしゃ》と水が泥水《どろみず》になって流れている様子《ようす》を見たことがありませんか。これに対して森林に降った雨は草木の葉や落ち葉が雨のしずくを受けてくれるため、土砂が流れ

ブナの果実

出ることを防《ふせ》いでくれています。また、ブナをはじめとする木々が張り巡《めぐ》らせた根は、地表の土砂《どしゃ》を支《ささ》え、土砂崩《くず》れなどの災害《さいがい》を防いでくれています。このように、降《ふ》った雨を蓄《たくわ》え、土砂災害を防いでくれているのです。

また、森に生《は》えている植物は、地球温暖化《ちきゅうおんだんか》の原因《げんいん》の一つである二酸化炭素《にさんかたんそ》を吸収《きゅうしゅう》して、枝《えだ》や幹《みき》などに蓄えてくれるため、地球温暖化の防止《ぼうし》に役立っています。反対に、多くの生物に必要な酸素《さんそ》をつくり出してくれています。

その他《ほか》、ブナの森にはたくさんの動物たちも暮《く》らしています。その動物たちが暮らしていくためには、十分な食べものや隠《かく》れたり寝《ね》たりする場所が必要です。ブナやミズナラは、秋になるとたくさんのドングリ（果実《かじつ》）をつけます。これらの果実はツキノワグマやネズミ類、カケスなどの鳥類の大好物《だいこうぶつ》です。秋に果実をたくさん食べて、厳《きび》しい冬を冬眠《とうみん》して過《す》ごす動物もいます。このようにブナ林は、たくさんの生き物たちを育《はぐく》んでいることから、地域《ちいき》の生物多様性《せいぶつたようせい》を守っていくうえでも大切な存在《そんざい》なのです。

大切なブナ林

かつてブナは、あまり役に立たない木として切られた時代があり、島根県内《しまねけんない》のブナ林はとても少なくなってしまいました。近年では、ブナ林が私《わたし》たちの生活にいろいろなめぐみを与えてくれ、森のたくさんの生き物に必要な存在であることがわかってきました。現在《げんざい》残っているかけがえのないブナ林を未来に残していきたいものです。

動物

西中国山地《にしちゅうごくさんち》の動物

西中国山地に広がる深い森林には多くの哺乳類《ほにゅうるい》や鳥類たちが生息《せいそく》していて、生態系《せいたいけい》の頂点《ちょうてん》にいるツキノワグマやクマタカもいます。どんな動物たちがいるのかみていきましょう。

ツキノワグマが暮《く》らす森

ツキノワグマ（以下、クマ）は本州に生息する哺乳類の中では最大級《さいだいきゅう》の動物で、オスの大きなものでは体重《たいじゅう》が１００kg以上になります。クマは雑食《ざっしょく》でアリやハチなどの動物質《どうぶつしつ》も食べますが、むしろ植物質《しつ》の方をよく食べており、ブナ、コナラ、ミズナラといったドングリ類やカキやサルナシ、クマノミズキといった果実《かじつ》を好《この》みます。クマの脚《あし》には鋭《するど》いかぎ爪《づめ》があって、これを正《まさ》に農機具《のうきぐ》の「熊手《くまで》」のように使って、地面の下のアリやハチの巣を掘《ほ》り出《だ》して食べます。また、カキの実やドングリ類を食べるときはかぎ爪を木に引っかけて上手《じょうず》に登っていくことができます。クマノミズキの高い所には熊棚《くまだな》と言って、実を食べる際《さい》にクマが枝《えだ》をたぐり寄《よ》せてできた鳥の巣のような棚《たな》が残ります。クマは怖《こわ》い動物だと思われがちですが、彼らにとっては人間こそが最《もっと》も怖い存在《そんざい》です。人間が襲《おそ》われる原因《げんいん》としては、こちらの存在を知らせることなく接近《せっきん》して、クマが自己防衛《じこぼうえい》のために攻撃《こうげき》していることがほとんどです。鈴《すず》やラジオなど音が出るものを携行《けいこう》し、２人以上で山に入

安蔵寺山《あぞうじさん》のブナ林

るようにするなど、人間の存在《そんざい》を知らせることが大切です。また、もしも遭遇《そうぐう》してクマがこちらに気付いている場合、向かい合って腕《うで》を大きくゆっくり動かすなどして人間の存在をアピールします。背《せ》中《なか》を向けて走って逃《に》げると本能的《ほんのうてき》に追いかけてくるので危険《きけん》です。

ツキノワグマ

柿《かき》の木に残されたツキノワグマの爪痕《つめあと》

滑空《かっくう》する哺《ほ》乳類《にゅうるい》

西中国山地《にしちゅうごくさんち》には、夜の森で木から木へと滑空する2種の哺乳類が生息《せいそく》しています。標高《ひょうこう》の低い所にはムササビが、ブナの木が生《は》える高い場所ではニホンモモンガがいます。ムササビは大型で頭から尻尾《しっぽ》までが80㎝、体重《たいじゅう》は1㎏程度《ていど》になります。日が沈《しず》んだ森には「ギュルルルル、ギュルルルル」とムササビの声が響《ひび》いてきます。前脚《まえあし》から後《うし》ろ脚《あし》にかけて発達《はったつ》した飛膜《ひまく》を持ち、木から木へ、時には100ｍほど滑空して移動《いどう》します。その姿《すがた》はまるで空飛ぶ座布団《ざぶとん》のようです。ムササビは植物の葉や

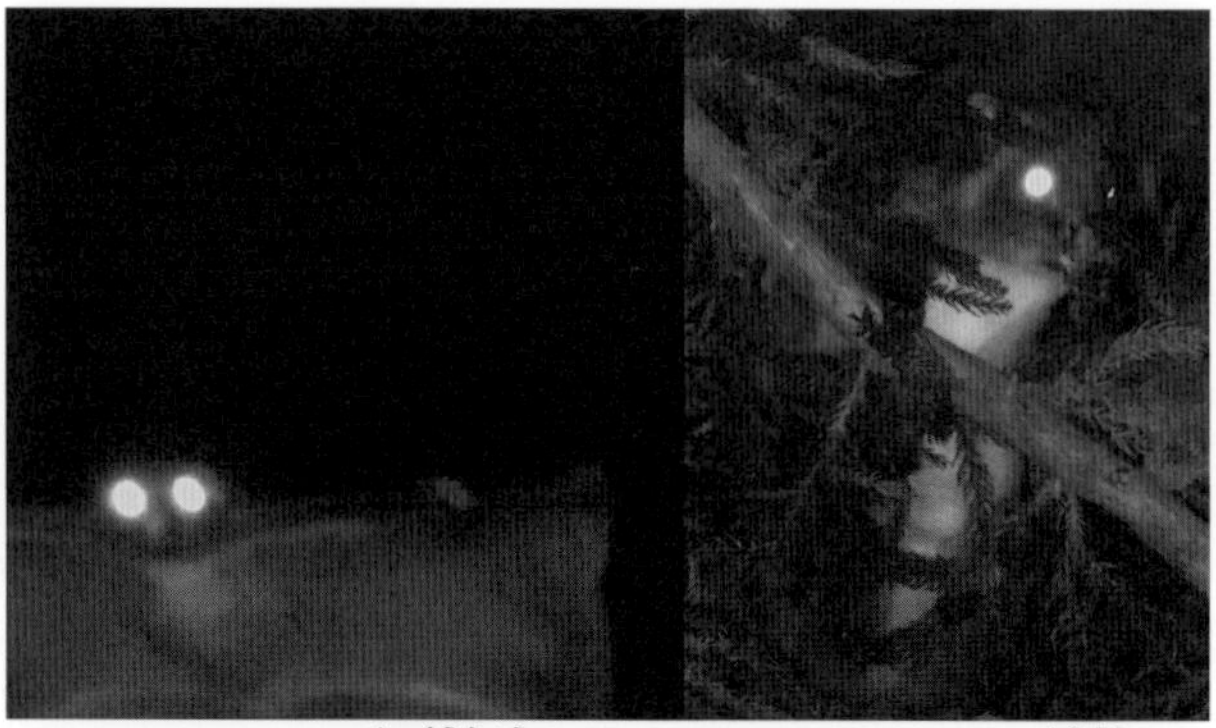

ムササビ（左は滑空中《かっくうちゅう》、右はスギの球果を食べる様子《ようす》）

ニホンモモンガ

新芽、花、果実《かじつ》、種子《しゅし》などを食べていて、マツボックリをかじった際《さい》にはエビフライ状《じょう》の食べた跡《あと》がみられます。ニホンリスも同じような食べ跡を残しますが、ムササビの場合は直径5㎜ほどの丸い糞《ふん》が一緒《いっしょ》に落ちています。

ニホンモモンガは頭から尻尾《しっぽ》まで30㎝、体重《たいじゅう》は170gほどでムササビよりはずっと小さな動物です。西中国山地《にしちゅうごくさんち》では安蔵寺山《あぞうじさん》の標高《ひょうこう》800m以上の場所で生息《せいそく》が確認《かくにん》されています。巣は木にできた洞《ほら》のほか、キツツキの古巣を使うこともあります。植物食でクヌギやカシなどの葉や、ナナカマドの実を食べています。モモンガは個体数《こたいすう》が少なく、絶滅《ぜつめつ》が心配されることから島根県版《しまねけんばん》レッドデータブックでは準絶滅危惧種《じゅんぜつめつきぐしゅ》として掲載《けいさい》されています。

ヤマネ

ヤマネは日本固有種《こゆうしゅ》の哺乳類《ほにゅうるい》です。ネズミの仲間《なかま》で、国の天然記念物《てんねんきねんぶつ》に指定《してい》されています。島根県では西部《せいぶ》（浜田市《はまだし》や益田市《ますだし》の山間部、吉賀町《よしかちょう》、津和野町《つわのちょう》など）と、隠岐《おき》（島後《どうご》）で生息が確認されて

ヤマネ

います。他《ほか》のネズミの仲間《なかま》との違《ちが》いは頭の後《うし》ろから背中《せなか》に一本の黒い線があり、尻尾《しっぽ》にはフサフサした毛が生《は》えています。夜行性《やこうせい》で果実《かじつ》や昆虫《こんちゅう》、鳥の卵《たまご》などを食べる雑食《ざっしょく》で、エサが少なく寒い季節は木の洞《ほら》などで冬眠《とうみん》します。しかし山林での観察《かんさつ》記録はほとんどなく、確認例《かくにんれい》としては冬に農機具《のうきぐ》小屋にあったスズメバチの巣を撤去《てっきょ》したところ、中に冬眠中のヤマネがいたことがあります。

また、電柱の工事をしていると電線を覆《おお》っている防護管《ぼうごかん》と呼《よ》ばれるパイプの内側に巣がつくられていたり、冬に民家の中でふだんはあまり使っていない部屋のタンスをあけるとヤマネが冬眠していた、などもあります。このように偶発的《ぐうはってき》な発見が多く、どれくらいの個体数がいるのかなどは不明なため、今後の解明《かいめい》が望まれます。

クマタカとサンコウチョウ

大きな猛禽類《もうきんるい》（するどい爪《つめ》とくちばしを持ち、他の動物をつかまえて食べる鳥類）であるクマタカは全長80cm、翼《つばさ》を広げると１５０cmほどにもなります。背中《せなか》は茶褐色《ちゃかっしょく》で、お腹《なか》と翼《つばさ》の裏面《うらめん》にはしま模《も》様《よう》があります。

昔、マタギと呼ばれた東北地方《とうほくちほう》の猟師《りょうし》たちはクマタカを飼《か》い慣《な》らして「鷹狩《たかが》り」を行い、ノウサギを捕《と》っていました。森林の生態系《せいたいけい》の食物連鎖《しょくもつれんさ》で頂点《ちょうてん》にいる鳥で、タヌキやノウサギ、ヘビ、鳥などを待《ま》ち伏《ぶ》せて狩《か》りをします。強い生き物のはずのクマタカが今、絶滅《ぜつめつ》の危機《きき》に瀕《ひん》しています。それは人間の活動によって森の環境《かんきょう》が変化し、エサである獲物《えもの》が少なくなっているからと言われています。ク

サンコウチョウのオス（上）とメス（下）

クマタカ

マタカが生きていける森を守るためには、その地域《ちいき》の生態系《せいたいけい》全体を保護《ほご》していく必要があります。

5月、森の中を歩いていると、「ツキ（月）、ヒ（日）、ホシ（星）、ホイホイホイ」と言う、面白《おもしろ》い鳴《な》き声が聞こえてきます。背《せ》の高いスギやヒノキの枝《えだ》に、黒くて尾《お》の長い鳥が留《と》まっています。この鳥の名前はサンコウチョウ（三光鳥）で、鳴き声に由来《ゆらい》しています。先ほど紹介《しょうかい》した鳴き声はさえずりと言って、繁殖《はんしょく》の時期にオスがメスを呼《よ》ぶために出しているものです。この時期のオスの尾には30cmもある長い羽があって、これをひらひらさせながら飛びます。この長い尾羽《おばね》は夏になると抜《ぬ》け、秋に越冬地《えっとうち》である東南《とうなん》アジアに向かって飛んでいきます。

森に暮《く》らすコウモリたち

西中国山地《にしちゅうごくさんち》の森にはたくさんのコウモリたちがいて、昼間は寝《ね》て過《す》ごしています。ねぐらは種《しゅ》によって異《こと》なり、岩の洞窟《どうくつ》やトンネルのような環境《かんきょう》を使うもの、橋や建物などの隙間《すきま》にいるもの、それに木の洞《ほら》や葉っぱに隠《かく》れているものもいます。日が沈《しず》み、辺《あた》りが暗くなってくるとコウモリたちはエサの昆虫《こんちゅう》を探《さが》して飛び回《まわ》ります。真《ま》っ暗闇《くらやみ》でも活動ができるのは口や鼻から出した超音波《ちょうおんぱ》を使って周囲《しゅうい》を認識《にんしき》することができるからです。コウモリたちのエサはカやガ、それにセミなどの空を飛ぶ昆虫《こんちゅう》が主《おも》ですが、種《しゅ》によっては地面からジャンプしたバッタの仲間《なかま》を捕《つか》まえて食べているものもいます。高速飛行をして木々のてっぺんよりも高い上空《じょうくう》でエサを探《さが》す種もいれば、森の中の枝葉《えだは》が茂《しげ》る低い場所をゆっくり飛びながら、地上に近い場所でエサを探す種もいます。夜中、満腹《まんぷく》になるとナイトルーストと呼《よ》ばれる休憩《きゅうけい》場所で一休みし、糞《ふん》を出して体を軽くしてから、またエサを探しにいきます。

広島県《ひろしまけん》の八幡《やはた》高原や寂地山《じゃくちさん》の山口県《やまぐちけん》側では、島根県《しまねけん》ではまだ確認《かくにん》されていない種のコウモリも発見されています。それらの種は島根県側にも生息《せいそく》しているはずなので、今後の調査《ちょうさ》によって明らかにされることが望まれます。

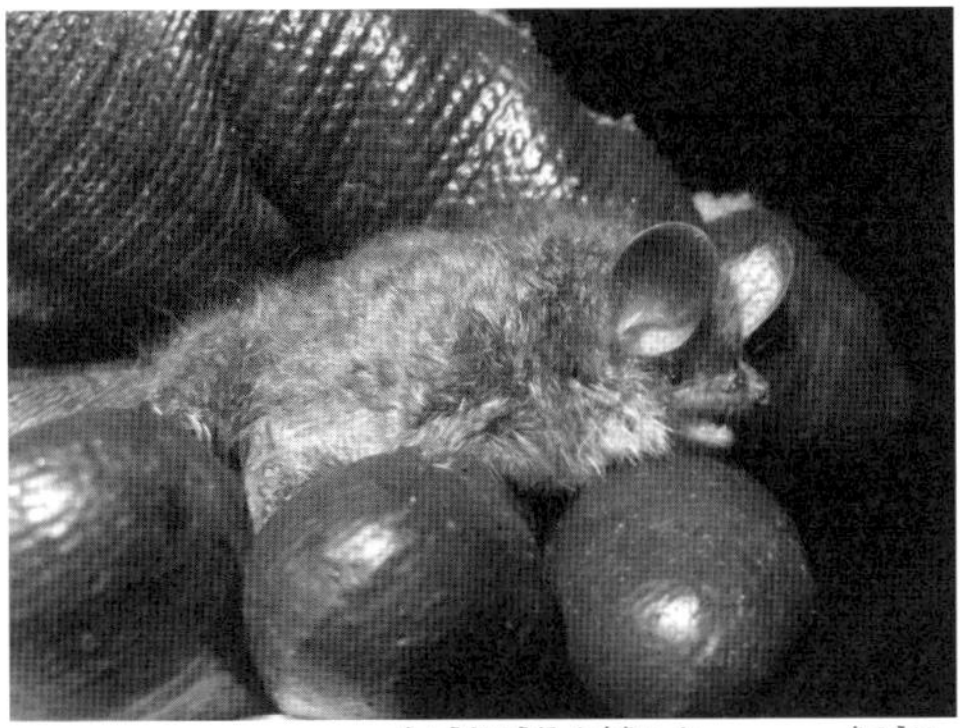
コテングコウモリ（鳥獣《ちょうじゅう》捕獲《ほかく》許可《きょか》を得て撮影《さつえい》）

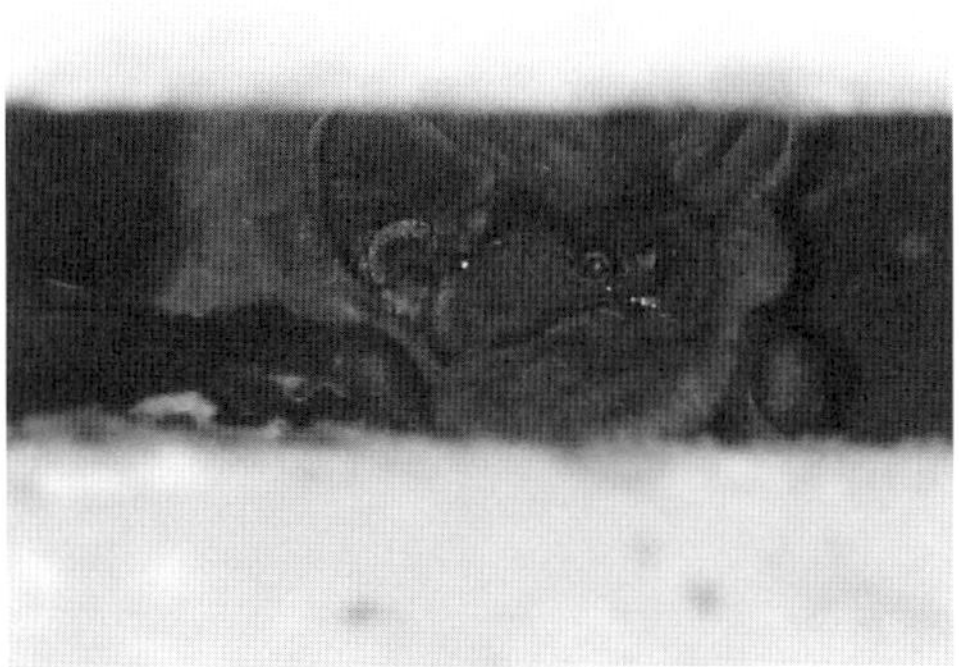
ヤマコウモリ（他県《たけん》で撮影）

ヒナコウモリ（鳥獣捕獲許可を受けて捕獲）

3 隠岐諸島《おきしょとう》の自然をたずねて

1 隠《お》岐《き》諸《しょ》島《とう》

国賀《くにが》海岸《かいがん》（島前・西ノ島）

大地

独自《どくじ》の生態系《せいたいけい》

隠岐諸島は、島根半島《しまねはんとう》の北、日本海《にほんかい》に浮《う》かぶ島々です。四つの大きな島と180あまりの小さな島から構成《こうせい》されています。隠岐諸島は、島前《どうぜん》・島後《どうご》と大きく二つに分けられています。島前は、知夫里島《ちぶりじま》（知夫村《ちぶむら》）、西ノ島《にしのしま》（西ノ島町《にしのしまちょう》）、中ノ島《なかのしま》

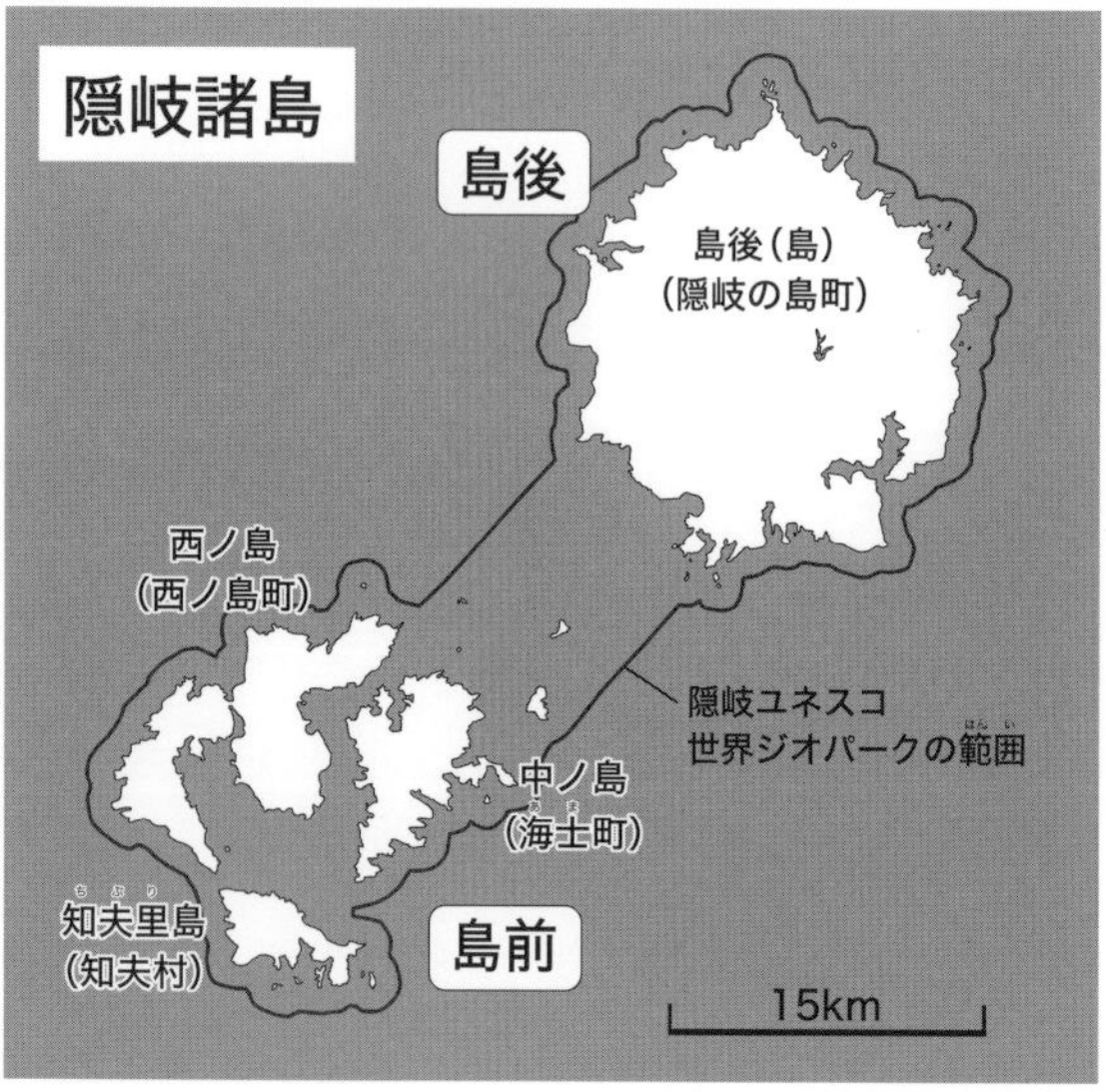

（海士町《あまちょう》）から構成《こうせい》されています。島後《どうご》（隠岐《おき》の島町《しまちょう》）は隠岐諸島《おきしょとう》で最大《さいだい》の島です。

隠岐ユネスコ世界ジオパーク

日本には、２０２４年６月現在《げんざい》、日本ジオパーク委員会が認定《にんてい》する日本ジオパークが46ヵ所あり、そのうちの10ヵ所がユネスコ（国際連合教育科学文化機関《こくさいれんごうきょういくかがくぶんかきかん》）により認定されたユネスコ世界ジオパークとなっています。その一つが、隠岐ユネスコ世界ジオパークです。

ユネスコ世界ジオパークは、国際的に価値《かち》のある地質遺産《ちしついさん》を保全《ほぜん》し、そうした地質遺産がもたらした自然環境《かんきょう》や地域《ちいき》の文化への理解《りかい》を深め、科学研究や教育、地域振興《ちいきしんこう》等に活用することにより、自然と人間との共生《きょうせい》や持続可能《じぞくかのう》な開発《かいはつ》を実現《じつげん》することを目的としたユネスコの事業です。世界では、２０２４年３月現在、48か国・２１３ヵ所が認定《にんてい》されています。

隠岐ユネスコ世界ジオパークは、離島《りとう》という環境と海洋《かいよう》生物や漁業などの人の営《いとな》みも重要《じゅうよう》であるという考えから、陸だけではなく、海岸《かいがん》から１kmの海域《かいいき》も合わせた範囲《はんい》をジオパークとしています。隠岐は、日本海《にほんかい》に浮《う》かぶ離島であること、また特異《とくい》な大地の成《な》り立《た》ちであることから見られる独自《どくじ》の生態系《せいたいけい》をもっています。また、隠岐の自然環境に適応《てきおう》した文化も島々の中で見ることができます。

日本の10のユネスコ世界ジオパーク（2024年6月現在）

アポイ岳ユネスコ世界ジオパーク（北海道《ほっかいどう》）
洞爺湖有珠山《とうやこうすざん》ユネスコ世界ジオパーク（北海道）
伊豆半島《いずはんとう》ユネスコ世界ジオパーク（静岡県《しずおかけん》）
糸魚川《いといがわ》ユネスコ世界ジオパーク（新潟県《にいがたけん》）
白山手取川《はくさんてどりがわ》ユネスコ世界ジオパーク（石川県《いしかわけん》）
山陰海岸《さんいんかいがん》ユネスコ世界ジオパーク（鳥取県《とっとりけん》・兵庫県《ひょうごけん》・京都府《きょうとふ》）
室戸《むろと》ユネスコ世界ジオパーク（高知県《こうちけん》）
隠岐ユネスコ世界ジオパーク（島根県《しまねけん》）
阿蘇《あそ》ユネスコ世界ジオパーク（熊本県《くまもとけん》）
島原半島《しまばらはんとう》ユネスコ世界ジオパーク（長崎県《ながさきけん》）

大地

隠《お》岐《き》諸《しょ》島《とう》の成《な》り立《た》ち

隠岐諸島の地質《ちしつ》

隠岐諸島は、もともと離島《りとう》ではありませんでした。大陸《たいりく》の一部だった時代、淡水《たんすい》の湖《みずうみ》の底だった時代、海の底だった時代、そして、本土《ほんど》と陸続きだった島根《しまね》半島《はんとう》の一部だった時代もあります。そして、最終《さいしゅう》氷期《ひょうき》の後、現在《げんざい》のような離島となりました。これらは、地質（地面の下に広がる岩石《がんせき》や地層《ちそう》の性質《せいしつ》等）を調べることでわかります。

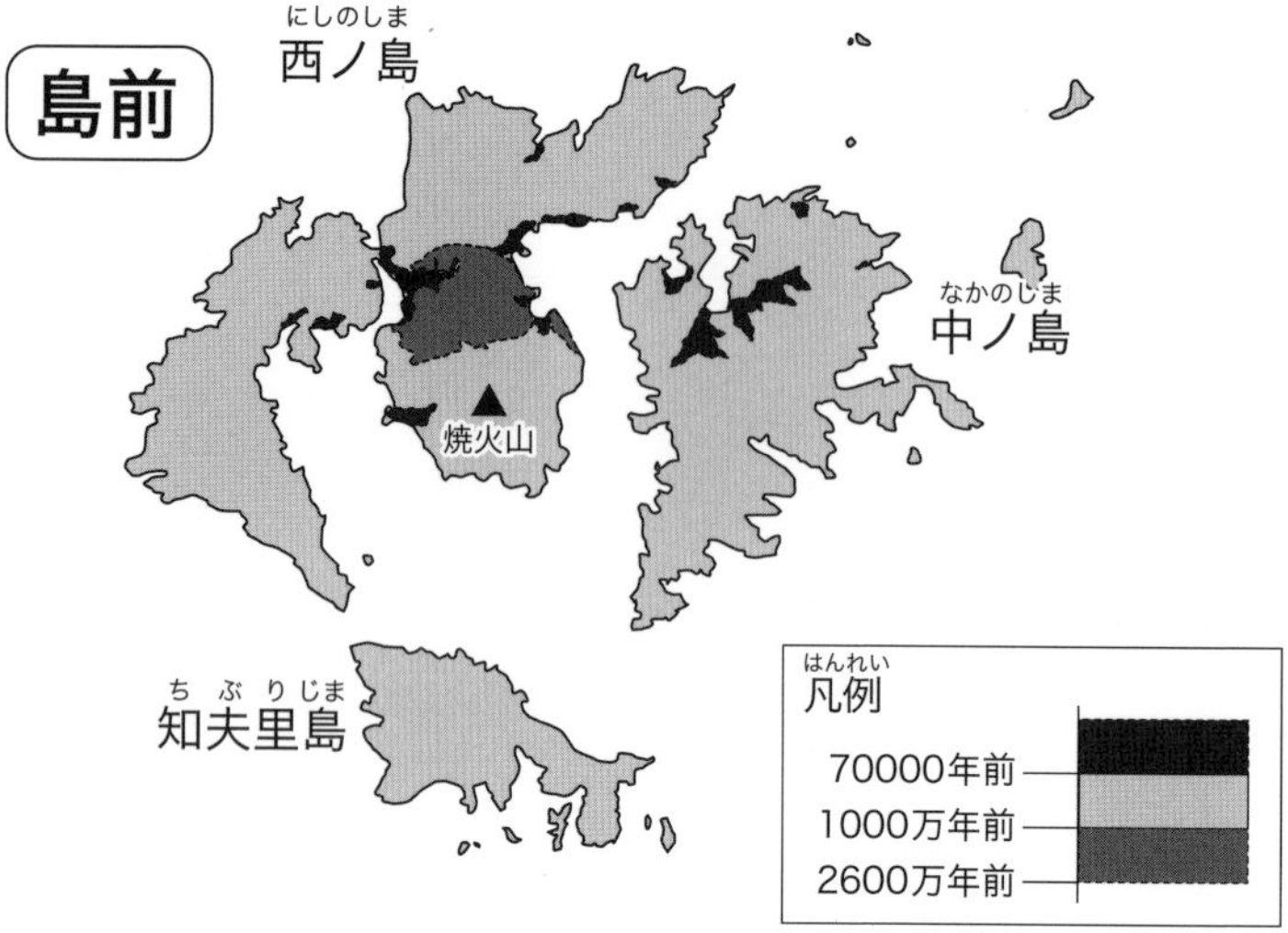

島前の地質図

島前《どうぜん》は、ほとんどが火山《かざん》のはたらきでできた大地となっています。全体がカルデラという、火山のはたらきでできたくぼんだ地形をしています。島前のカルデラ地形は、中新世後期のアルカリ玄武岩《げんぶがん》でできた輪のように連なる外輪山《がいりんざん》と、そのあとの火山活動でできた中心部の粗面岩《そめんがん》の山からなっています。この粗面岩の火山が、焼火山《たくひさん》です（島前最高峰《さいこうほう》・標高《ひょうこう》457・1m）。

島後《どうご》は、直径が約20kmの丸い形をしています。日本《にほん》海《かい》にある島の中では、佐渡島《さどがしま》、対馬島《つしまとう》に次いで3番目

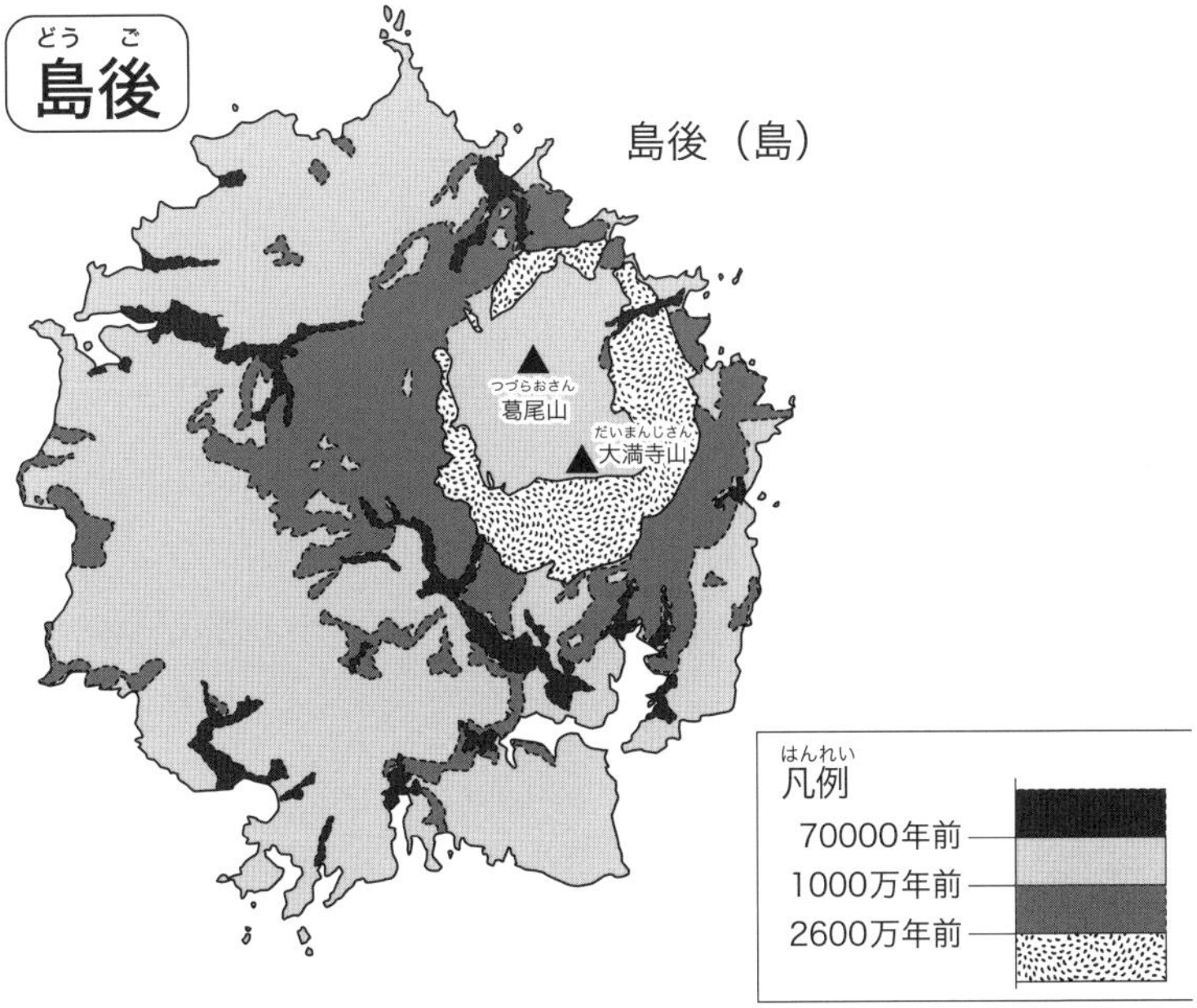

島後の地質《ちしつ》図

に大きな島です。

東側の山地には、火山《かざん》のはたらきでできた中新世《ちゅうしんせい》後期のアルカリ流紋岩《りゅうもんがん》質の地層《ちそう》（葛尾層《つづらおそう》）が円形に見られ、その周《まわ》りをとり囲むようにリング状《じょう》に、中生代《ちゅうせいだい》に最後に変成《へんせい》した片麻岩《へんまがん》（隠岐《おき》片麻岩）が分布《ぶんぷ》しています。片麻岩とは、もともとの岩石《がんせき》が、強い圧力《あつりょく》や熱などに作用《さよう》されてできた岩石のことです。

さらにその周りには、古第三紀《こだいさんき》から新第三紀中新世の湖《みずうみ》や海でできた堆積岩《たいせきがん》や溶岩《ようがん》などが分布しています。

このように、地質から隠岐の島は日本本土とは異《こと》なる成《な》り立《た》ちをしていることがわかります。

ユーラシア大陸《たいりく》の端《はし》だった隠岐諸島《しょとう》 ～隠岐片麻岩～

隠岐諸島は、中世代三畳紀《さんじょうき》から新生代《しんせいだい》古第三紀にかけて、日本列島《れっとう》とともにユーラシア大陸の端に位置していました。つまり大陸の一部だったのです。

隠岐の島町の銚子《ちょうし》ダムの近くで、この時代にできた隠岐片麻岩の露頭《ろとう》（地層《ちそう》が露出《ろしゅつ》したところ）を観察《かんさつ》できます。隠岐片麻岩《おきへんまがん》は、もともと20億年前までに海底《かいてい》に積もったものが地下深くに運ばれて、最後に2億5000万年前に地下約15㎞で高温と高圧によって変化したものと言われています。はじめに積もった砂《すな》や泥《どろ》には、最も古いもので約35億年前の鉱物が含まれています。隠岐片麻岩には、小さな赤いざくろ石（ガーネット）も含まれています。

プレート同士がぶつかり合うことでできたのが隠岐片麻岩で、隠岐の土台となりました。

湖《みずうみ》の底から海の底へ ～グリーンタフと珪藻土《けいそうど》～

長い間、ユーラシア大陸の一部だった日本列島《れっとう》ですが、今から2500万年前に始まった地殻変動《ちかくへんどう》によって大陸から引《ひ》き離《はな》されていきました。

隠岐諸島《おきしょとう》が湖の底にあったことを示すのが、グリーンタフ（緑色凝灰岩《ぎょうかいがん》）です。隠岐では五箇石《ごかいし》、小路石《こうじいし》と呼《よ》ばれ、加工しやすいことから家の塀《へい》や石積みなどによく使われているのをみることができます。グリーンタフは火山《かざん》が噴火《ふんか》して出てきたものが、主《おも》に水中に積もって、性質が変化して緑色になった岩石《がんせき》で、日本海《にほんかい》側を中心に分布《ぶんぷ》しています。このグリーンタフの地層《ちそう》から、川や湖《みずうみ》にすんでいた生物の化石が見られることから、当時は海ではなく、湖の底にあったことがわかります。大久《おおく》の犬島《いぬじま》では、防波堤《ぼうはてい》の脇《わき》でグリーンタフを間近に観察《かんさつ》できます。

隠岐片麻岩の露頭《ろとう》（銚子《ちょうし》ダム）

その後も、日本列島《れっとう》はユーラシア大陸《たいりく》から離《はな》れ続け、約1800万年前頃には、湖に海水《かいすい》が流れこみ、海へと変わりました。隠岐諸島《おきしょとう》はこれにより約1000万年の長い間、海の底となります。海の底に位置したことを示すのが厚《あつ》い珪藻土《けいそうど》の地層です。

珪藻土は、海に生息《せいそく》する珪藻（ケイソウ）という藻類《そうるい》の死がいが長年にわたって海底《かいてい》に積もり、固まったものです。厚さ100mになるところもあります。このことからも、とても長い時間をかけて積もったことが想像《そうぞう》できます。

この土を電子顕微鏡《けんびきょう》で観察すると、丸い形や棒《ぼう》のような形をした珪藻が見られます。水の中で少しずつ分解《ぶんかい》されていき、最後《さいご》には殻《から》のみが残っていきます。殻にはたくさんの穴《あな》があり、この中に空気が入っているため、軽く、熱をにがしにくいのが特徴《とくちょう》です。熱に強い性質《せいしつ》も持っています。以前には隠岐の島には珪藻土を材料にした七輪《しちりん》工場があり、たくさんの七輪を作っていたそうです。また、珪藻土は、高い保温性と保湿性《ほしっせい》を生かし壁土《かべつち》などの建物の材料として使われています。

隠岐《おき》の島町《しまちょう》の珪藻土は、島の南西部《なんせいぶ》の広い範囲《はんい》から出ています。津戸《つど》の塩《しお》の浜《はま》近くの山側の露頭《ろとう》で観察できます。

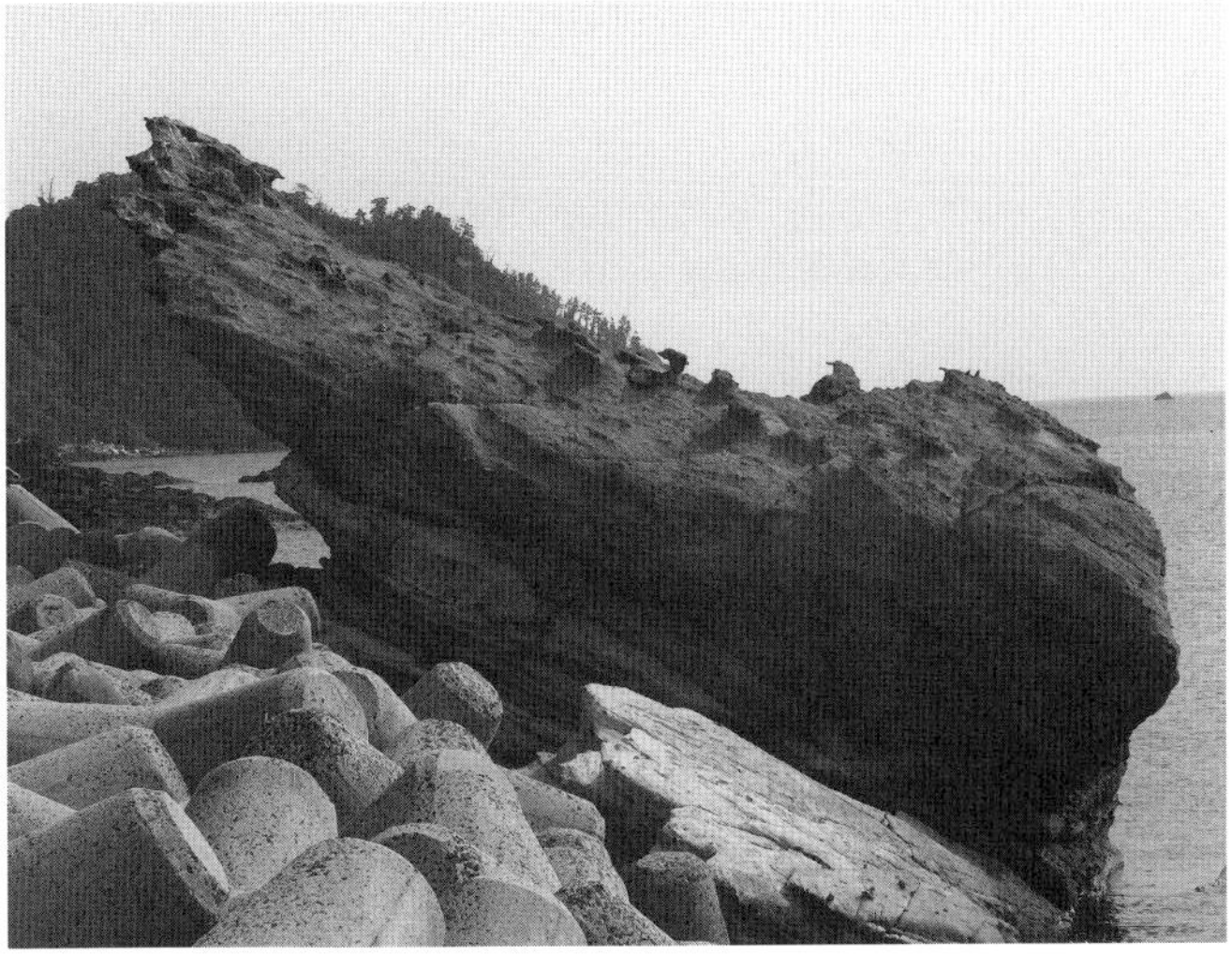

大久の犬島のグリーンタフ

火山《かざん》活動により島へ
～島前《どうぜん》カルデラ・西郷港《さいごうこう》入り口の火口《かこう》・トカゲ岩～

長い間海の底にあった隠岐《おき》ですが、プレートの活動の影響《えいきょう》を受け、少しずつ盛《も》り上《あ》がってきました。そして、約600万年前、大規模《だいきぼ》な火山《かざん》活動により島となりました。まず初めに島前《どうぜん》が630万年前に火山島となりました。その後570万年前に島後《どうご》が火山のはたらきで島となりました。この火山活動は、約550万年間続いたと考えられています。

島前は、「島前カルデラ」として、日本の地質百選《ちしつひゃくせん》にも選ばれているカルデラです。カルデラとは、火山の活動によってできたくぼんだ土地です。火山の噴火《ふんか》により大量にマグマがふき出すことで、空洞《くうどう》となったマグマだまりに地面が落ち込《こ》んでくぼみができます。島前カルデラは、まず630万年前、火山活動によって大きな火山が形成《けいせい》された後、地面がくぼんでカルデラが形成され、さらに540万年前にカルデラの中心部で火山が噴火したことによって現在《げんざい》の焼火山《たくひさん》が形成されました。その後、くぼんだ大地に海水《かいすい》が流れ込み、カルデラの内海となったのです。

島前カルデラ

島後の隠岐《おき》の島町岬町《しまちょうみさきまち》では火口《かこう》の断面《だんめん》を、西郷港に入港するフェリーから見ることができます。

溶岩《ようがん》が層《そう》になっているのが観察《かんさつ》できます。上の部分は、酸化《さんか》により色が赤くなっています。写真にあるように、くぼんだ火口《かこう》の形がよくわかります。火口の大きさは直径約２５０ｍです。

有名なトカゲ岩も、火山《かざん》のはたらきでできました。長さ30ｍのトカゲが崖《がけ》をよじのぼっているかのように岩壁《がんぺき》に張《は》り付《つ》いています。地下深くからあがってきたマグマが、地表に噴出《ふんしゅつ》せず地中で冷《ひ》え固まり、まわりにもともとあった岩石が風化《ふうか》により削《けず》られてできました。手の部分は、侵食《しんしょく》をまぬかれて残った部分で、足の部分は上から落ちてきた岩が割《わ》れ目《め》にはさまったものだそうです。

この火山《かざん》活動の後、地球では、氷期《ひょうき》と間氷期《かんひょうき》がくり返されるようになります。このサイクルによって、海面《かいめん》は数十ｍ以上も上下しました。

隠岐諸島《おきしょとう》と本土との間の海の水深《すいしん》は約70～80ｍほどしかないため、氷期には海水面《かいすいめん》が下がり、本土と隠岐諸島は何度も陸続きとなりました。

２万年前の最終氷期《さいしゅうひょうき》に陸続きになったのを最《さい》後《ご》に、約１万年前（縄文時代《じょうもんじだい》）、現在《げんざい》のような離島《りとう》になりました。

トカゲ岩

フェリーから見た火口の断面

石器時代《せっきじだい》・縄文時代《じょうもんじだい》の隠岐《おき》と黒曜石《こくようせき》

隠岐諸島《おきしょとう》は黒曜石の産地《さんち》としても有名です。流紋岩質《りゅうもんがんしつ》のマグマが、急激《きゅうげき》に冷《ひ》やされることでガラスとよく似た性質《せいしつ》をもつ黒曜石となります。割《わ》ると、非常《ひじょう》に鋭《するど》い断面《だんめん》となります。この性質を利用《りよう》して、旧石器時代《きゅうせっきじだい》から「矢じり」を作り、狩《か》りの道具にしていました。隠岐《おき》の島町《しまちょう》の岸浜峠《きしはまとうげ》の道沿《ぞ》いの露頭《ろとう》で小さな黒曜石の粒《つぶ》がたくさん見られる地層《ちそう》を観察《かんさつ》できます。

日本では黒曜石の産地が数十ヵ所あるそうですが、隠岐は中国地方《ちゅうごくちほう》で唯一《ゆいいつ》の黒曜石の産地です。

黒曜石の成分《せいぶん》をもとに日本各地の遺跡《いせき》から出土した黒曜石を調べたところ、隠岐の黒曜石は旧石器時代の頃から、中国地方を中心として、遠くは新潟《にいがた》でも使われていたことがわかりました。黒曜石を通して、日本海《にほんかい》を越《こ》えて交易《こうえき》していたことがわかります。

黒曜石でつくった矢じり

削《けず》られた海岸《かいがん》

隠岐諸島は冬になると北西の季節風《きせつふう》が吹《ふ》き荒れます。海岸には、5～6mもある波が押《お》し寄《よ》せて岩を削っていきます。隠岐諸島には、この風雨や波の影響《えいきょう》を受けて、長い間に少しずつ削られ、変わった形になった岩石《がんせき》がたくさんあります。

島前《どうぜん》の西ノ島町《にしのしまちょう》にある国賀海岸《くにがかいがん》には、切り立ったような高い断崖《だんがい》、長い岩のトンネル、海からそそ

国賀海岸の通天橋

国賀海岸《くにがかいがん》の摩天崖

知夫の赤壁

り立つ岩の柱、象《ぞう》のような形の巨岩《きょがん》などが３㎞にわたって続いています。

摩天崖《まてんがい》は海の波で削《けず》られた高さ約２５０ｍの崖《がけ》で、日本でも有名な景観地《けいかんち》です。通天橋《つうてんきょう》は、赤、白、黒のしま模様《もよう》のアーチです。激《はげ》しい波によって弱いところが削られ海食洞《かいしょくどう》という洞窟《どうくつ》ができ、さらに奥行《おくゆ》きの部分の大地が崩《くず》れ落ちてできました。

島前の知夫村《ちぶむら》の赤壁《せきへき》では、火山《かざん》の断面《だんめん》を観察《かんさつ》することができます。岩が赤色なのは、噴《ふ》き出《だ》した溶岩《ようがん》のしぶきに含《ふく》まれている鉄分が高温のまま空気に触《ふ》れて酸化《さんか》したためです。黒い部分は同じ溶岩でもしぶきにならず流れていったので酸化しませんでした。

植物

島に生きる植物

隠岐諸島《おきしょとう》の気候《きこう》と植物分布《ぶんぷ》

隠岐諸島は、日本海側《にほんかいがわ》にありますが、近くを流れる対馬海流《つしまかいりゅう》（暖流《だんりゅう》）の影響《えいきょう》を受けて、冬は温暖《おんだん》で夏は松江《まつえ》より涼《すず》しい海洋性《かいようせい》気候です。

約2万年前の最終氷期《ひょうき》に陸続きになったのを最後《さいご》に、海水面《かいすいめん》の上昇《じょうしょう》によって約1万年前に離島《りとう》となった隠岐諸島。この1万年という時間はとても長く感じますが、生物の進化《しんか》という面からはそう長くないそうです。そのため固有種《こゆうしゅ》の数はそれほど多くありませんが、生物の進化の過程《かてい》を知る上ではとても貴重《きちょう》な環境《かんきょう》であるといえます。

隠岐諸島の植物分布《ぶんぷ》で特徴的《とくちょうてき》なのは、暖《あたた》かい地域に見られる植物と、寒い地域に見られる植物の両方が見られること、海岸線《かいがんせん》の平地にも高山性《こうざんせい》の植物が見られること、大陸系《けい》の植物が見られることです。これらは、ユーラシア大陸の端《はし》だった時代、本土と陸続きの時代があった隠岐諸島の歴史や、火《か》山《ざん》のはたらきでできた痩《や》せた土地であること、暖かい対馬海流の影響を受けていると考えられます。

隠岐諸島に見られる高山性の植物

隠岐《おき》の島町《しまちょう》の町花にもなっているオキシャクナゲは、ツツジ科ツツジ属《ぞく》に属するツクシシャクナゲの変種《へんしゅ》です。ツツジの仲間《なかま》ですが、ツツジより大きな花をつけます。シャクナゲは高山性の植物ですが、オキシャクナゲは日本で一番低地に生育《せいいく》することで知られます。また生育地《せいいくち》は島後《どうご》のみで、深い山の中だけに生育しているために、自生《じせい》している様子《ようす》は山に登らなければ見ることができません。

オキシャクナゲのほかに特徴的《とくちょうてき》な植物が、亜高山性《あこうざんせい》のイワカガミです。イワカガミは、本土《ほんど》では標高《ひょうこう》の高い地域《ちいき》に見られますが、隠岐諸島《おきしょとう》では海岸沿《かいがんぞ》いに生育しています。

最終氷期《さいしゅうひょうき》には高い山のように寒冷《かんれい》だった隠岐の標高の低いところで生育していた高山性の植物が、海水面《かいすいめん》が上昇《じょうしょう》して島になった後も残り、生育していると考えられます。

オキシャクナゲ

イワカガミ

暖《あたた》かい地域の植物

ナゴランは、沖縄県《おきなわけん》の名護《なご》にちなんでその名がつけられた暖かい地域の植物です。常緑多年草《じょうりょくたねんそう》で、淡《あわ》い黄緑色《おうりょくしょく》の花びらに紅紫色《こうししょく》の模様《もよう》が入り、美しい花を咲《さ》かせます。九州《きゅうしゅう》や四国《しこく》、わずかに本州南部《ほんしゅうなんぶ》にも分布《ぶんぷ》していますが、島根県内《しまねけんない》では隠岐島後《どうご》にのみ生育しています。

隠岐《おき》では、暖《あたた》かい地域《ちいき》に見られるナゴランが、寒い地域の高山近くに生育《せいいく》するクロベなどにも着生《ちゃくせい》している様子《ようす》も見られます。ナゴランは隠岐諸島《おきしょとう》ではオキフウランやフウランと呼《よ》ばれますが、フウランとは別の植物です。乱獲《らんかく》され、観光客のお土産《みやげ》として売られたために、山から激減《げきげん》しています。環境省《かんきょうしょう》から絶滅危惧種《ぜつめつきぐしゅ》に指定《してい》されています。

大陸系《けい》の植物

秋になると、海岸沿《かいがんぞ》いにダルマギクが、薄紫色《うすむらさきいろ》の花を咲《さ》かせます。海岸でも厳《きび》しい岩場《いわば》にへばりつくように咲いています。ダルマギクは、中国地方《ちゅうごくちほう》の日本海側《にほんかいがわ》と九州《きゅうしゅう》に分布《ぶんぷ》するほか、朝鮮《ちょうせん》半島やロシアの海沿いにも見られることから、大陸系の植物と言われています。

対馬海峡《つしまかいきょう》と隠岐海峡《おきかいきょう》が陸地となっていた時代に、隠岐諸島に渡《わた》ってきたのではないかと考えられています。

ダルマギクのほかに、大陸系のミツバイワガサ、オニヒョウタンボクなども見られます。

ダルマギク

ナゴラン

生育地《せいいくち》が国指定《くにしてい》の天然記念物《てんねんきねんぶつ》～クロキヅタ～

クロキヅタは、イワヅタ科に属《ぞく》する海藻《かいそう》です。1910年に、島前《どうぜん》の西ノ島町《にしのしまちょう》にある黒木御所《くろきごしょ》近くで、国内で初めて発見されたことから、この名前がつきました。海底《かいてい》に横たわって伸《の》びる茎《くき》に、のこぎり歯状《じょう》の葉のような部分が並《なら》んでついているのが特徴《とくちょう》です。日光のよく届《とど》く浅い海底に見られます。その生育地が国の天然記念物に指定《してい》されている唯一《ゆいいつ》の海藻です。日本では隠岐諸島《おきしょとう》のほかに、愛媛県《えひめけん》や高知県《こうちけん》でも確認《かくにん》されています。対馬暖流《つしまだんりゅう》による温暖《おんだん》な環境《かんきょう》がクロキヅタの生育《せいいく》に適《てき》していたと考えられます。

クロキヅタ

動物

島に生きる動物

隠岐諸島《おきしょとう》の動物

隠岐諸島には、本土では一般的なクマ、サル、シカ、イノシシ、キツネ等が生息《せいそく》していません。タヌキは、昭和《しょうわ》の初めに人の手により持ちこまれたものが脱走《だっそう》し、島前《どうぜん》の知夫里島《ちぶりじま》で数多く繁殖《はんしょく》しましたが、知夫里島以外の島には生息していません。人間や家畜《かちく》、外来種《がいらいしゅ》を除《のぞ》くと、隠岐諸島に生息する最大《さいだい》の哺乳類《ほにゅうるい》は、オキノウサギです。

また、離島《りとう》であることから、島の渡《わた》りの中継地点《ちゅうけいちてん》となっています。隠岐諸島ではこれまでに270種類程度《ていど》が確認《かくにん》されています。無人島は海鳥《うみどり》の生息地や繁殖地《はんしょくち》にもなっています。

海に囲《かこ》まれていることから、気候《きこう》や海流《かいりゅう》の影響《えいきょう》を受け、本土《ほんど》とは異《こと》なった生物環境《かんきょう》が見られます。また、暖《あたた》かい地域《ちいき》のミノカサゴや色鮮《いろあざ》やかなソラスズメダイなどの魚が見られます。ニホンアワサンゴやアミメサンゴなどの造礁性《ぞうしょうせい》サンゴも見られます。

一方で、暖流《だんりゅう》の対馬《つしま》海流に乗って隠岐までやってきた海洋《かいよう》生物の中には冬を越《こ》せず死んでしまう魚もいます。これを死滅回遊魚《しめつかいゆうぎょ》といいます。隠岐諸島沿岸《えんがん》では、死滅回遊魚がよく見られます。

隠岐諸島固有《こゆう》の動物

約1万年前に離島となった隠岐諸島で、植物と同様《どうよう》に動物も環境に適応《てきおう》し生き残るために独自《どくじ》の進化《しんか》をとげてきています。哺乳類《ほにゅうるい》では、オキノウサギ、オキアカネズミ、オキヒミズモグラなどが、両生類《りょうせいるい》では、オキサンショウウオ、オキタゴガエルが、昆虫《こんちゅう》ではオキオサムシ、オキマイマイカブリなどがいます。また、カタツムリの仲間《なかま》ではオキマイマイなどがいて、名前に「オキ」がついている動物が多く見られます。1万年という時間は、生物が遺伝的《いでんてき》に大きく異《こと》なるほどに進化《しんか》するという面からは短い期間のため、まだまだ進化の途中経過《とちゅうけいか》を示しているように見られる種《しゅ》が多いと言われています。

オキサンショウウオ

オキサンショウウオは両生類で、島後《どうご》の渓流《けいりゅう》から山地にかけて生息《せいそく》しています。小型のサンショウウオは、幼生《ようせい》の生息する環境《かんきょう》によって流水型《りゅうすいがた》と止水型《しすいがた》に分かれますが、オキサンショウウオの場合、流れのある渓流にすみながら、両方の特徴《とくちょう》をもっています。オキサンショウウオは、流水型の太い胴体《どうたい》、はっきりした背筋《せすじ》という特徴と、止水型の平《ひら》たい尻尾《しっぽ》、細い手足といった特徴をあわせもっています。遺伝子《いでんし》を分析《ぶんせき》した結果、オキサンショウウオはもともと流水型から進化した止水型でしたが、島に取り残された祖先《そせん》が、流水型の特徴をもつようになったことがわかりました。

成長し成体《せいたい》になると、13㎝ほどになり、昼間は木の葉や石の下に潜《ひそ》んで、夜活動します。

オキサンショウウオの幼生

オキサンショウウオの成体

ヤマネ

ヤマネはリスとネズミの中間のような姿《すがた》から、隠岐《おき》ではヤマリスと呼《よ》ぶことがあります。げっ歯目《しもく》ヤマネ科のヤマネ（ニホンヤマネ）は日本の固有種《こゆうしゅ》で、国の天然記念物《てんねんきねんぶつ》にも指定《してい》されています。日本では、隠岐《おき》のほかにも、本州《ほんしゅう》、四国《しこく》、九州《きゅうしゅう》に、合わせて九つの独立《どくりつ》した分布《ぶんぷ》をしています。隠岐は、国内で唯一《ゆいいつ》ヤマネがすむ離島《りとう》で、独自《どくじ》に進化《しんか》してきた隠岐のヤマネは他《ほか》のグループとは違《ちが》う特徴《とくちょう》をもっています。頭から尾《お》の付け根まで走る黒い線が特徴です。夜行性《やこうせい》で木の上で生活しており、巣は大木の洞《ほら》の中にコケや樹皮《じゅひ》を使ってつくります。哺乳類《ほにゅうるい》ですが、冬には本格的《ほんかくてき》な冬眠《とうみん》に入ります。

ヤマネ

陸貝《りくがい》の仲間《なかま》

隠岐諸島《おきしょとう》には、オキマイマイ、オキシメチクマイマイ、オキビロウドマイマイなど、マイマイだけでもたくさんの固有種が見られます。一般的に陸貝の仲間は移動能力《いどうのうりょく》が小さく、乾燥地《かんそうち》や山脈《さんみゃく》などを超《こ》えて分布を広げることが難《むずか》しいため、地域《ちいき》ごとに種分化《しゅぶんか》が起こりやすくなります。キセルのような細長い３㎝ほどの殻《から》を持つキセルガイでは、島前《どうぜん》の西ノ島《にしのしま》の固有種であるニシノシマギセルや、島後《どうご》にのみ生育するヒメナミギセルなどが見られます。

おわりに

「島根《しまね》の自然《しぜん》は生きている」の初版《しょはん》の発行《はっこう》は、昭和《しょうわ》六十一年、約四十年も前のことです。この本は、この当時の理科教育の先達《せんだつ》の皆様が、島根の子どもたちを想い精魂《せいこん》込《こ》めてつくりあげられました。その玉稿《ぎょっこう》は時代を超え、子どもたちの心を島根の自然へといざなうせせらぎのように流れ続けてきました。

時を経て、この大きなバトンは、令和の私たちに引き継《つ》がれました。令和版の「島根の自然は生きている」には、県下の学校や科学の仕事に携《たずさ》わり、子どもたちへ島根の自然を伝えたいと願う筆者《ひっしゃ》たちが集まりました。初版の「島根の自然は生きている」を基盤《きばん》とし、島根の様々《さまざま》な自然素材を取材しました。子どもたちを感動に導《みちび》くためには、まず筆者が感動しなければなりません。そんな理念《りねん》のもと二か年の編集期間《へんしゅうきかん》を経て、生み出すことができました。

巷間《こうかん》、子どもたちの理科離《ばな》れが進んでいるとも言われています。理科離れが、即科学《そくかがく》の進化の遅《ち》延《えん》につながるとは言い切れませんが、科学的なアプローチを欠けば、様々な場面で、妥当《だとう》な答えは生まれてきません。問題解決《もんだいかいけつ》や科学的探究《たんきゅう》の力は、予測不可能《よそくふかのう》と言われる社会に生きる子どもたちには、科学という範囲《はんい》をこえ、大切な生きる力の一つとも言えます。

この本が、世代をこえて読み継がれていき、一人一人の子どもたちの生きる力へつながっていくことを願っています。

最後に、この本の編集にあたっては、たくさんの関係機関や研究者《けんきゅうしゃ》の皆様からご支援《しえん》をいただきました。この場をお借りして感謝申《かんしゃもう》し上げます。

令和六年九月

令和版「島根の自然は生きている」編集委員会

引用参考文献・HP アドレス

章番号	内容	引用参考文献名・HP アドレス等	執筆者・団体等
1-1	大根島	島根の大地　みどころガイド　島根地質百選	島根地質百選編集委員会
		松江市ふるさと文庫　大根島のおいたちと洞窟生物	松江市教育委員会
		日曜の地学　島根の自然をたずねて	「島根の自然」編集委員会
		大根島 https://kankou-daikonshima.jp/	松江市観光協会八束町支部
1-2	宍道湖・中海	新版古事記　現代語訳付き	中村啓信・角川ソフィア文庫
		島根半島・宍道湖中海ジオパークガイドブック	島根半島・宍道湖中海ジオパーク推進協議会・ハーベスト出版
		出雲平野—宍道湖地域における完新世の古環境変動 - ボーリングコア解析による検討 -	山田和芳・髙安克己
		島根県水産試験場事業報告	島根県水産試験場
		汽水湖中海における塩分変動に応じた水質と沿岸藻場の変化	宮本康・國井秀伸
		今日の中海における沿岸藻場の水平的・垂直的な分布構造	宮本康・初田亜希子
		汽水湖中海における海藻・海草類の分布と現存量	島村京子・中村幹雄
1-3	島根半島	島根半島・宍道湖中海ジオパーク公式ガイドブック	島根半島・宍道湖中海（国引き）ジオパーク推進協議会
		遊覧船で巡る神話の洞窟　潜戸遊覧船 http://kukedo.com/shimanecho/miru_shin_kukedo/	一般社団法人加賀潜戸遊覧船
		海の町島根町公式観光ガイド　チカウミさんぽ。 https://umimachi-shimanecho.jp/archives/509	松江市観光協会島根町支部
		島根県 HP https://www.pref.shimane.lg.jp/	島根県環境生活部自然環境課
		自然探訪①　山陰のトンボ	山陰むしの会
1-4	出雲平野	斐伊川彩りの「水」	国土交通省中国地方整備局出雲河川事務所
1-5	鬼の舌震	新 日本両生爬虫類図鑑	日本爬虫両棲類学会編
		Taxonomic Validity of Hynobius hidamontanus (Caudata:Hynobius Hynobiidae) :Descriptions of Four New Species from Western Honshu,Japan	American Journal of Zoological Research
2-1	三瓶山	峰々の記憶とたどって - 島根県立三瓶自然館展示案内	島根県立三瓶自然館・公益財団法人しまね自然と環境財団
		大山隠岐国立公園　三瓶山の自然	島根県
		日本地方地質誌6　中国地方	日本地質学会（編）
		三瓶火山とその噴出物	河野重範・福岡孝・草野高志
		さんべ縄文の森ミュージアム（三瓶小豆原埋没林公園） https://www.nature-sanbe.jp/azukihara/	公益財団法人しまね自然と環境財団
		森のことづて：地底に眠る縄文の森：三瓶小豆原埋没林	公益財団法人しまね自然と環境財団
		改訂しまねレッドデータブック2013植物編 - 島根県の絶滅のおそれのある野生動物	島根県環境生活部自然環境課
		改訂しまねレッドデータブック2014動物編 - 島根県の絶滅のおそれのある野生動物	島根県環境生活部自然環境課
		島根県産陸棲哺乳類目録 _ 島根県立三瓶自然館研究報告第4号 _2006年3月発行	大畑純二

章番号	内容	引用参考文献名・HP アドレス等	執筆者・団体等
2-2	千丈渓	川はどうしてできるのか（ブルーバックス）	藤岡換太郎
		地球の大常識	久保田暁
		図説滝と人間の歴史	ブライアン・J・ハドソン
		日本の川　中国　江の川	国土交通省水管理・国土保全局
		島根の大地　みどころガイド　島根地質百選	島根地質百選編集委員会
2-2	千丈渓	改訂しまねレッドデータブック（2013植物編） 島根県の絶滅のおそれのある野生動植物	島根県環境生活部自然環境課
		改訂しまねレッドデータブック（2014動物編） 島根県の絶滅のおそれのある野生動植物	島根県環境生活部自然環境課
		ゴビウス生きもの図鑑 http://www.gobius.jp/gobi_zukan/	島根県立宍道湖自然館ゴビウス
2-3	大江高山と石見銀山	石見銀山学ことはじめⅠ始	大田市教育委員会　石見銀山学概説書編集委員会
		おおだ web ミュージアム	おおだ学
2-4	畳ヶ浦	石見・畳ヶ浦	桑田龍三
		石見畳ヶ浦が語る大地の物語 -1600万年前の世界をたずねて -	浜田市教育委員会
		1872年浜田地震による石見畳ヶ浦の隆起 - 離水生物遺骸群集と地形データによる検証 -	宍倉正展・行谷佑一・前杢英明・越後智雄
2-5	高津川	島根の地形・景観・奇岩	島根県地学会創立30周年記念誌編集委員会
		島根の川　高津川	島根県社会科教育研究会 建設省中国地方建設局浜田工事事務所
		わがふるさとの美しき川　高津川	益田市教育委員会 益田市美濃郡社会科研究部会 建設省浜田工事事務所
		しまねレッドデータブック普及版	山陰中央新報社
		古高津川水系の時空的広がりと河川争奪類似地形の形成過程	渡辺勝美
		島根県西部地域の河川争奪地形とその発生機構	川上勉・渡辺勝美
		古高津川水系の広がりと瀬戸内海の形成	渡辺勝美
		益田平野の地形発達史	渡辺勝美
		高津川水系整備計画 https://www.cgr.mlit.go.jp/hamada/kasen/takatugawaseibikeikaku/sakutei/seibikeikaku/takatukawaseibikeikaku.pdf	国土交通省中国地方整備局
		高津川流域専用さかな図鑑 https://takatsugawa-zukan.appspot.com/home.html	アンダンテ21
2-6	西中国山地	峰々の記憶とたどって - 島根県立三瓶自然館展示案内	島根県立三瓶自然館・公益財団法人しまね自然と環境財団
		山口県後期白亜紀長門 - 豊北カルデラの地質と岩石：グラーベン・カルデラとの比較	今岡照喜・馬場園明・曽根原崇文・井川寿之・永松秀崇
		日本地方地質誌6　中国地方	日本地質学会（編）
		島根県の地質	島根県
		改訂しまねレッドデータブック2013植物編 - 島根県の絶滅のおそれのある野生動物	島根県環境生活部自然環境課
		改訂しまねレッドデータブック2014動物編 - 島根県の絶滅のおそれのある野生動物	島根県環境生活部自然環境課

章番号	内容	引用参考文献名・HP アドレス等	執筆者・団体等
3-1	隠岐諸島	島根の地形・景観・奇岩	島根県地学会創立30周年記念誌編集委員会
		隠岐ジオパークガイドブック	隠岐ジオパーク推進協議会
		ふるさと隠岐（隠岐の島町ふるさと教育副教材）	隠岐の島町教育委員会、隠岐の島町ふるさと教育副教材編集委員会
		島根の自然をたずねて	「島根の自然」編集委員会（編集）土井二郎（発行）
		みんなの自然ガイドブック隠岐地域編	島根県景観自然課
		隠岐ユネスコ世界ジオパーク http://www.oki-geopark.jp/	一般社団法人隠岐ジオパーク推進機構
		日本ジオパークネットワーク https://geopark.jp/	日本ジオパークネットワーク
		大山隠岐国立公園 https://www.env.go.jp/park/daisen/	環境省

写真・図版等提供元一覧

※提供元が記載されていない写真は、筆者が撮影したものです。
※提供元が記載されていない図版は、旧版「島根の自然は生きている」、または参考・引用文献等をもとに作成しました。

章番号	内容	ページ	写真・図版名等	提供者・団体名等
巻頭	巻頭写真	1	春の築地松	公益社団法人島根県観光連盟
			夏の日本海	公益社団法人島根県観光連盟
			秋の八重滝	公益社団法人島根県観光連盟
			冬の大万木山	公益社団法人島根県観光連盟
		2	国賀海岸通天橋	公益社団法人島根県観光連盟
			鬼の舌震	藤江教隆
		3	須々海海岸	公益社団法人島根県観光連盟
			斐伊川下流	公益社団法人島根県観光連盟
			匹見峡	公益社団法人島根県観光連盟
			畳ヶ浦	公益社団法人島根県観光連盟
			石見海浜公園	公益社団法人島根県観光連盟
		4	赤壁	公益社団法人島根県観光連盟
			高津川	公益社団法人島根県観光連盟
			三瓶山	公益社団法人島根県観光連盟
			福光石	公益社団法人島根県観光連盟
		5	ウミネコ（飛んでいる様子）	公益社団法人島根県観光連盟
			ウミネコ	公益社団法人島根県観光連盟
			ソウシチョウ	島根県立三瓶自然館・公益財団法人しまね自然と環境財団
			ヤマセミ	島根県立三瓶自然館・公益財団法人しまね自然と環境財団
			コハクチョウ	島根県立三瓶自然館・公益財団法人しまね自然と環境財団
			オオルリ	野津登美子（島根自然保護協会）
		6	チュウゴクブチサンショウウオ	岩田貴之
			ヒダサンショウウオ	岩田貴之
			サシバ	島根県立三瓶自然館・公益財団法人しまね自然と環境財団
			ツキノワグマ	島根県立三瓶自然館・公益財団法人しまね自然と環境財団
			マガン	島根県立三瓶自然館・公益財団法人しまね自然と環境財団

章番号	内容	ページ	写真・図版名等	提供者・団体名等
巻頭	巻頭写真	6	ミヤマホオジロ	島根県立三瓶自然館・公益財団法人しまね自然と環境財団
		7	オキノウサギ	佐藤仁志（島根自然保護協会）
			モリアオガエル	島根県立宍道湖自然館・公益財団法人ホシザキグリーン財団
			ゲンゴロウ	佐藤仁志（島根自然保護協会）
			ジャコウアゲハ	野津登美子（島根自然保護協会）
			ギフチョウ	青木充之（島根自然保護協会）
			タガメ	佐藤仁志（島根自然保護協会）
		8	スズキ	島根県立宍道湖自然館・公益財団法人ホシザキグリーン財団
			コノシロ	島根県立宍道湖自然館・公益財団法人ホシザキグリーン財団
			シラウオ	島根県立宍道湖自然館・公益財団法人ホシザキグリーン財団
			ヤマトシジミ	島根県立宍道湖自然館・公益財団法人ホシザキグリーン財団
			アユ	島根県立宍道湖自然館・公益財団法人ホシザキグリーン財団
			サルボウガイ	島根県立宍道湖自然館・公益財団法人ホシザキグリーン財団
		9	イシドジョウ	佐藤仁志（島根自然保護協会）
			イシドンコ	佐藤仁志（島根自然保護協会）
			ゴギ	佐藤仁志（島根自然保護協会）
			ヤマメ	島根県立宍道湖自然館・公益財団法人ホシザキグリーン財団
			シンジコハゼ	野津登美子（島根自然保護協会）
			ミナミアカヒレタビラ	島根県立宍道湖自然館・公益財団法人ホシザキグリーン財団
		10	サギソウ	青木充之（島根自然保護協会）
			乳房杉	青木充之（島根自然保護協会）
			オキシャクナゲ	公益社団法人島根県観光連盟
			御衣黄	公益社団法人島根県観光連盟
			カタクリ	青木充之（島根自然保護協会）
			ぼたん	公益社団法人島根県観光連盟
		11	イズモコバイモ児童	大田市立高山小学校
			イズモコバイモ	大田市立高山小学校
			ハマボウフウ児童	出雲市立長浜小学校
			ハマボウフウ	出雲市立長浜小学校
			オキナグサ	大田市立北三瓶小学校
			オキナグサ児童	大田市立北三瓶小学校
			椿油づくり児童	安来市立布部小学校
		12	コウノトリ	雲南市立西小学校
			コウノトリ観察児童	雲南市立西小学校
			ユウスゲ	青木充之（島根自然保護協会）
			ユウスゲ児童	青木充之（島根自然保護協会）
			ハッチョウトンボ児童	平野謙二（島根県立浜田商業高校）
			ハッチョウトンボオス	平野謙二（島根県立浜田商業高校）
			ハッチョウトンボメス	平野謙二（島根県立浜田商業高校）
			森林保全活動児童	安来市立赤屋小学校
			高津川調査児童	益田市立吉田小学校
		13	アユ化石	「島根半島・宍道湖中海ジオパークの化石」パンフレット

章番号	内容	ページ	写真・図版名等	提供者・団体名等
巻頭	巻頭写真	13	モニワホタテ	「島根半島・宍道湖中海ジオパークの化石」パンフレット
			ペッカムニシキ	「島根半島・宍道湖中海ジオパークの化石」パンフレット
			シジミの仲間	「島根半島・宍道湖中海ジオパークの化石」パンフレット
		14	デスモスチルス	島根県立三瓶自然館・公益財団法人しまね自然と環境財団
			デスモスチルスの歯	「島根半島・宍道湖中海ジオパークの化石」パンフレット
			アオザメ	「島根半島・宍道湖中海ジオパークの化石」パンフレット
			ヒゲクジラの右下顎骨	「島根半島・宍道湖中海ジオパークの化石」パンフレット
			ワニの化石	「島根半島・宍道湖中海ジオパークの化石」パンフレット
		15	立久恵峡（出雲市）	公益社団法人島根県観光連盟
			ブナ林（恐羅漢山）	青木充之（島根自然保護協会）
			コウヤマキ（吉賀町）	青木充之（島根自然保護協会）
			石見銀山の山並み	公益社団法人島根県観光連盟
		16	赤ハゲ山の野大根（知夫村）	公益社団法人島根県観光連盟
			棚田（雲南市）	公益社団法人島根県観光連盟
			雲海（三瓶山周辺）	公益社団法人島根県観光連盟
			宍道湖（松江市）	公益社団法人島根県観光連盟
1-1	大根島	22	大根島航空写真	一般社団法人松江観光協会八束町支部
		25	幽鬼洞	一般社団法人松江観光協会八束町支部
			竜渓洞入り口	一般社団法人松江観光協会八束町支部
			神溜り	一般社団法人松江観光協会八束町支部
		28	ボタン	一般社団法人松江観光協会八束町支部
		29	雲州人参（赤い果実）	一般社団法人松江観光協会八束町支部
1-2	宍道湖・中海	32	貝形虫・有孔虫	入月俊明（島根大学総合理工学部地球科学科）
		33	ミル	原口展子
		34	スジアオノリ	原口展子
			オゴノリ	原口展子
		35	ウミトラノオ	原口展子
			カヤノモリ	原口展子
			野外のカヤノモリ	原口展子
			シオグサ類	原口展子
			シオグサ類（顕微鏡）	原口展子
		36	ホソアヤギヌ	原口展子
			ホソアヤギヌ（顕微鏡）	原口展子
		37	宍道湖に発生したアオコ	国土交通省中国地方整備局出雲河川事務所
			ミクロキスチス	国土交通省中国地方整備局出雲河川事務所
		38	中海に発生した赤潮	国土交通省中国地方整備局出雲河川事務所
			プロロケントルム・ミニマム	国土交通省中国地方整備局出雲河川事務所
		39	デスモスチルスの歯の化石	島根大学総合理工学部地球科学科
			パレオパラドキシアの全身骨格のレプリカ	島根大学総合博物館
		40	宍道湖と中海を行き来する魚の代表ワカサギ	島根県立宍道湖自然館・公益財団法人ホシザキグリーン財団
			真水にすむ魚の代表フナ類	島根県立宍道湖自然館・公益財団法人ホシザキグリーン財団
		43	カワヤツメ	島根県立宍道湖自然館・公益財団法人ホシザキグリーン財団

章番号	内容	ページ	写真・図版名等	提供者・団体名等
1-2	宍道湖・中海	43	ニホンイトヨ	島根県立宍道湖自然館・公益財団法人ホシザキグリーン財団
		44	シンジコハゼ	島根県立宍道湖自然館・公益財団法人ホシザキグリーン財団
			ゴビウス・グリーンパーク	島根県立宍道湖自然館・公益財団法人ホシザキグリーン財団
			サンゴタツ	島根県立宍道湖自然館・公益財団法人ホシザキグリーン財団
		45	シジミ漁	宍道湖漁業協同組合
			シジミ漁に用いるジョレン	宍道湖漁業協同組合
			たば漬	宍道湖漁業協同組合
1-3	島根半島	47	「洗濯岩」とよばれるしま模様の海岸	島根半島・宍道湖中海（国引き）ジオパーク推進協議会
		49	近くから見た洗濯岩	島根半島・宍道湖中海（国引き）ジオパーク推進協議会
			粒の大きさがしだいに変化していく様子	島根半島・宍道湖中海（国引き）ジオパーク推進協議会
		50	洗濯岩の成り立ち図	島根半島・宍道湖中海（国引き）ジオパーク推進協議会
		51	白い灯台の下に見える大洞窟	島根半島・宍道湖中海（国引き）ジオパーク推進協議会
			トンネルのようになっている新潜戸	島根半島・宍道湖中海（国引き）ジオパーク推進協議会
			多古の七つ穴	島根半島・宍道湖中海（国引き）ジオパーク推進協議会
		52	潮風にさらされる厳しい崖地	島根半島・宍道湖中海（国引き）ジオパーク推進協議会
		53	黄色い花の咲くタイトゴメ	島根県立三瓶自然館・公益財団法人しまね自然と環境財団
		54	ハマビワ	島根県立三瓶自然館・公益財団法人しまね自然と環境財団
			クロマツ	島根県立三瓶自然館・公益財団法人しまね自然と環境財団
		56	アラレタマキビ	島根県立しまね海洋館・公益財団法人しまね海洋館
			ヒザラガイ	島根県立しまね海洋館・公益財団法人しまね海洋館
		57	イソギンチャク	島根県立しまね海洋館・公益財団法人しまね海洋館
			イトマキヒトデ	島根県立しまね海洋館・公益財団法人しまね海洋館
		58	ムラサキウニ	島根県立しまね海洋館・公益財団法人しまね海洋館
			バフンウニ	島根県立しまね海洋館・公益財団法人しまね海洋館
		59	ハッチョウトンボ	島根県立三瓶自然館・公益財団法人しまね自然と環境財団
1-4	出雲平野	60	出雲平野航空写真	国土交通省中国地方整備局出雲河川事務所
		65	人の力で変化させた斐伊川の流れ	国土交通省中国地方整備局出雲河川事務所
		66	斐伊川河口の水鳥たち	公益財団法人ホシザキグリーン財団
		67	水面で羽を休めるマガモ	公益財団法人ホシザキグリーン財団
			エサを探すオオジュリン	公益財団法人ホシザキグリーン財団
			飛んでいるマガン	公益財団法人ホシザキグリーン財団
		68	オオハクチョウとコハクチョウ	公益財団法人ホシザキグリーン財団
			飛んでいるコハクチョウ	公益財団法人ホシザキグリーン財団
			水面で羽を休めるコハクチョウ	公益財団法人ホシザキグリーン財団
		69	水田でえさを食べるコハクチョウ	公益財団法人ホシザキグリーン財団
1-5	鬼の舌震	77	仁多地方における有尾目の分布	岩田貴之
		78	アカハライモリとヒバサンショウウオ	岩田貴之
		79	ハコネサンショウウオの幼生	岩田貴之
			ヒバサンショウウオの卵	岩田貴之
			トノサマガエルの卵	寺岡誠二
		81	オオサンショウウオの観察会	奥出雲町立横田小学校
2-1	三瓶山	84	志学展望広場から見た三瓶山	島根県立三瓶自然館・公益財団法人しまね自然と環境財団

章番号	内容	ページ	写真・図版名等	提供者・団体名等
2-1	三瓶山	85	三瓶山とその周辺の地形	島根県立三瓶自然館・公益財団法人しまね自然と環境財団
		86	大田市街で見られる火砕流の地層	島根県立三瓶自然館・公益財団法人しまね自然と環境財団
			カルデラのでき方	島根県立三瓶自然館・公益財団法人しまね自然と環境財団
		87	志学展望広場で見られる地層	島根県立三瓶自然館・公益財団法人しまね自然と環境財団
			志学展望広場で見られる地層のスケッチ	島根県立三瓶自然館・公益財団法人しまね自然と環境財団
		88	火山豆石	島根県立三瓶自然館・公益財団法人しまね自然と環境財団
		89	三瓶小豆原埋没林	島根県立三瓶自然館・公益財団法人しまね自然と環境財団
		90	三瓶小豆原埋没林を埋めた地層の断面図	さんべ縄文の森ミュージアム（三瓶小豆原埋没林公園）
		91	北の原の地形	島根県立三瓶自然館・公益財団法人しまね自然と環境財団
			西の原の地形	島根県立三瓶自然館・公益財団法人しまね自然と環境財団
		92	三瓶山の自然林	島根県立三瓶自然館・公益財団法人しまね自然と環境財団
		93	アナグマとテン	島根県立三瓶自然館・公益財団法人しまね自然と環境財団
			チョウセンイタチとニホンイタチ	島根県立三瓶自然館・公益財団法人しまね自然と環境財団
		94	ヌタ場でドロ浴びをするイノシシ	島根県立三瓶自然館・公益財団法人しまね自然と環境財団
		95	夜間、ヌタ場に集まる哺乳類	島根県立三瓶自然館・公益財団法人しまね自然と環境財団
			水浴びをする鳥類	島根県立三瓶自然館・公益財団法人しまね自然と環境財団
		96	コウベモグラがトンネルを掘ってかき出した土盛り	島根県立三瓶自然館・公益財団法人しまね自然と環境財団
			モグラ類の大きさ比べ	島根県立三瓶自然館・公益財団法人しまね自然と環境財団
		97	三瓶山で撮影されたシカ	島根県立三瓶自然館・公益財団法人しまね自然と環境財団
		98	展示室の様子	島根県立三瓶自然館・公益財団法人しまね自然と環境財団
			プラネタリウム	島根県立三瓶自然館・公益財団法人しまね自然と環境財団
		99	三瓶山西の原の草原	島根県立三瓶自然館・公益財団法人しまね自然と環境財団
		100	現在の放牧の様子	島根県立三瓶自然館・公益財団法人しまね自然と環境財団
			昔の三瓶山	大田市
			現在の様子	島根県立三瓶自然館・公益財団法人しまね自然と環境財団
		101	レンゲツツジ	島根県立三瓶自然館・公益財団法人しまね自然と環境財団
			カワラナデシコ	島根県立三瓶自然館・公益財団法人しまね自然と環境財団
		102	ススキの草原	島根県立三瓶自然館・公益財団法人しまね自然と環境財団
			カヤネズミ	島根県立三瓶自然館・公益財団法人しまね自然と環境財団
			ダイコクコガネ	島根県立三瓶自然館・公益財団法人しまね自然と環境財団
		103	火入れの様子	島根県立三瓶自然館・公益財団法人しまね自然と環境財団
			オキナグサ	島根県立三瓶自然館・公益財団法人しまね自然と環境財団
		104	実になったオキナグサ	島根県立三瓶自然館・公益財団法人しまね自然と環境財団
			地元学校による保護活動	島根県立三瓶自然館・公益財団法人しまね自然と環境財団
2-2	千丈渓	112	クマノミズキ	島根県立三瓶自然館・公益財団法人しまね自然と環境財団
			バリバリノキ	島根県立三瓶自然館・公益財団法人しまね自然と環境財団
			アラカシ	島根県立三瓶自然館・公益財団法人しまね自然と環境財団
		113	クジャクシダ	島根県立三瓶自然館・公益財団法人しまね自然と環境財団
			オオミズゴケ	島根県環境生活部自然環境課
		114	ヤマセミ	島根県立三瓶自然館・公益財団法人しまね自然と環境財団
		115	タカハヤ	島根県立宍道湖自然館・公益財団法人ホシザキグリーン財団
			オオルリ	野津登美子（島根自然保護協会）
			カジカガエル	島根県立宍道湖自然館・公益財団法人ホシザキグリーン財団

章番号	内容	ページ	写真・図版名等	提供者・団体名等
2-2	千丈渓	116	カワムツ	島根県立宍道湖自然館・公益財団法人ホシザキグリーン財団
			オオサンショウウオ	島根県立宍道湖自然館・公益財団法人ホシザキグリーン財団
			モリアオガエル	島根県立三瓶自然館・公益財団法人しまね自然と環境財団
2-3	大江高山と石見銀山	117	南西側から見た大江高山	島根県立三瓶自然館・公益財団法人しまね自然と環境財団
		119	大田市水上町と邑智郡美郷町の境界付近から見た大江高山火山群	島根県立三瓶自然館・公益財団法人しまね自然と環境財団
			福石	島根県立三瓶自然館・公益財団法人しまね自然と環境財団
		120	仙ノ山の岩盤	島根県立三瓶自然館・公益財団法人しまね自然と環境財団
			仙ノ山に銀鉱石ができる仕組み	島根県立三瓶自然館・公益財団法人しまね自然と環境財団
		121	仙ノ山の鉱脈の広がり	島根県立三瓶自然館・公益財団法人しまね自然と環境財団
		124	磁鉄鉱	島根県立三瓶自然館・公益財団法人しまね自然と環境財団
			長石	島根県立三瓶自然館・公益財団法人しまね自然と環境財団
			石英	島根県立三瓶自然館・公益財団法人しまね自然と環境財団
		125	ハンノキ林	島根県立三瓶自然館・公益財団法人しまね自然と環境財団
			ハンノキの実	島根県立三瓶自然館・公益財団法人しまね自然と環境財団
		128	マアザミ	島根県立三瓶自然館・公益財団法人しまね自然と環境財団
			サワギキョウ	島根県立三瓶自然館・公益財団法人しまね自然と環境財団
			サギソウ	島根県立三瓶自然館・公益財団法人しまね自然と環境財団
2-4	畳ヶ浦	129	畳ヶ浦	一般社団法人浜田市観光協会
		130	図2　1600万年前の浜田市周辺	浜田市教育委員会
		133	波食棚の節理	浜田市教育委員会
			江戸時代の畳ヶ浦	一般社団法人浜田市観光協会
		135	図4　ノジュールのでき方	浜田市教育委員会
2-5	高津川	137	高津川河口	国土交通省浜田河川事務所
		139	高津川の平野を切り込む深谷川	渡辺勝美
		141	平地へ流れ出た辺りの上空からの写真	国土交通省浜田河川事務所
		142	高津川の変化図	浜田市教育委員会
		143	主要な洪水における浸水区域	国土交通省浜田河川事務所
			益田市安富町の聖牛	国土交通省浜田河川事務所
		144	吉賀町のヒメバイカモ	河野洋司（タカラバ）
		145	ゴギ	島根県立宍道湖自然館・公益財団法人ホシザキグリーン財団
			イシドジョウ	島根県立宍道湖自然館・公益財団法人ホシザキグリーン財団
			オヤニラミ	島根県立宍道湖自然館・公益財団法人ホシザキグリーン財団
		146	イシドンコ	佐藤仁志（島根自然保護協会）
			ギギ	島根県立宍道湖自然館・公益財団法人ホシザキグリーン財団
			カワヨシノボリ	島根県立宍道湖自然館・公益財団法人ホシザキグリーン財団
		147	ドンコ	島根県立宍道湖自然館・公益財団法人ホシザキグリーン財団
			ナマズ	島根県立宍道湖自然館・公益財団法人ホシザキグリーン財団
			ボラ	島根県立宍道湖自然館・公益財団法人ホシザキグリーン財団
2-6	西中国山地	148	層になったチャートと河原の礫となったチャート	島根県立三瓶自然館・公益財団法人しまね自然と環境財団
			放散虫の化石（電子顕微鏡）	古谷裕（まちなか石ころ研究会）
		149	日本列島のような沈み込み帯の断面図	島根県立三瓶自然館・公益財団法人しまね自然と環境財団
		150	アンモナイトの化石	島根県立三瓶自然館・公益財団法人しまね自然と環境財団

章番号	内容	ページ	写真・図版名等	提供者・団体名等
2-6	西中国山地	151	溶結凝灰岩に見られる溶結レンズ	島根県立三瓶自然館・公益財団法人しまね自然と環境財団
			裏匹見峡の溶結凝灰岩	島根県立三瓶自然館・公益財団法人しまね自然と環境財団
		152	節理や断層が発達する花崗岩	島根県立三瓶自然館・公益財団法人しまね自然と環境財団
			折れ曲がりながら流れる広見川	島根県立三瓶自然館・公益財団法人しまね自然と環境財団
		153	島根県における中生代火山岩類とカルデラの分布	島根県立三瓶自然館・公益財団法人しまね自然と環境財団
		154	約25億年前の花崗片麻岩	島根県立三瓶自然館・公益財団法人しまね自然と環境財団
		155	安蔵寺山のブナ林	島根県立三瓶自然館・公益財団法人しまね自然と環境財団
		156	ブナの葉と果実	島根県立三瓶自然館・公益財団法人しまね自然と環境財団
			森林の模式図	島根県立三瓶自然館・公益財団法人しまね自然と環境財団
		157	クロモジ	島根県立三瓶自然館・公益財団法人しまね自然と環境財団
			カタクリ	島根県立三瓶自然館・公益財団法人しまね自然と環境財団
		158	ヤマアジサイ	島根県立三瓶自然館・公益財団法人しまね自然と環境財団
		159	ブナの果実	島根県立三瓶自然館・公益財団法人しまね自然と環境財団
		160	安蔵寺山のブナ林	島根県立三瓶自然館・公益財団法人しまね自然と環境財団
		161	ツキノワグマ	島根県立三瓶自然館・公益財団法人しまね自然と環境財団
			柿の木に残されたツキノワグマの爪痕	島根県立三瓶自然館・公益財団法人しまね自然と環境財団
		162	ムササビ	島根県立三瓶自然館・公益財団法人しまね自然と環境財団
			ニホンモモンガ	島根県立三瓶自然館・公益財団法人しまね自然と環境財団
		163	ヤマネ	島根県立三瓶自然館・公益財団法人しまね自然と環境財団
		164	クマタカ	島根県立三瓶自然館・公益財団法人しまね自然と環境財団
			サンコウチョウ	島根県立三瓶自然館・公益財団法人しまね自然と環境財団
		165	コテングコウモリ	島根県立三瓶自然館・公益財団法人しまね自然と環境財団
			ヤマコウモリ	島根県立三瓶自然館・公益財団法人しまね自然と環境財団
			ヒナコウモリ	島根県立三瓶自然館・公益財団法人しまね自然と環境財団
3-1	隠岐諸島	168	国賀海岸	一般社団法人隠岐ジオパーク推進機構
		172	隠岐片麻岩の露頭（銚子ダム）	一般社団法人隠岐ジオパーク推進機構
		173	大久犬島のグリーンタフ	一般社団法人隠岐ジオパーク推進機構
		174	島前カルデラ	一般社団法人隠岐ジオパーク推進機構
		175	フェリーから見た火口の断面	一般社団法人隠岐ジオパーク推進機構
			トカゲ岩	一般社団法人隠岐ジオパーク推進機構
		176	黒曜石でつくった矢じり	一般社団法人隠岐ジオパーク推進機構
		177	国賀海岸の魔天崖	一般社団法人隠岐ジオパーク推進機構
			国賀海岸の通天橋	一般社団法人隠岐ジオパーク推進機構
			知夫の赤壁	一般社団法人隠岐ジオパーク推進機構
		179	オキシャクナゲ	一般社団法人隠岐ジオパーク推進機構
			イワカガミ	一般社団法人隠岐ジオパーク推進機構
		180	ナゴラン	一般社団法人隠岐ジオパーク推進機構
			ダルマギク	一般社団法人隠岐ジオパーク推進機構
		181	クロキヅタ	一般社団法人隠岐ジオパーク推進機構
		183	オキサンショウウオの幼生	一般社団法人隠岐ジオパーク推進機構
			オキサンショウウオの成体	一般社団法人隠岐ジオパーク推進機構
		184	ヤマネ	一般社団法人隠岐ジオパーク推進機構

令和版「島根の自然は生きている」編著者・協力者一覧

◆編集委員長

新田　紀久（松江市立津田小学校／島根県小中学校理科教育研究会会長）

◆編集委員及び執筆者

安藤　誠也（島根県立三瓶自然館・公益財団法人しまね自然と環境財団）
伊藤　英俊（安来市立安田小学校）
今井　　悟（島根県立三瓶自然館・公益財団法人しまね自然と環境財団）
井上　雅仁（島根県立三瓶自然館・公益財団法人しまね自然と環境財団）
大國　寛和（大田市立仁摩小学校）
釜田美紗子（美郷町立大和小学校）
齋藤由美子（松江市立大庭小学校）
関野　淳也（大田市立長久小学校）
深田　剛生（島根県教育センター）
宮下　健太（島根大学教育学部附属義務教育学校後期課程）
吉木　勇気（島根大学教育学部附属義務教育学校前期課程）

◆口絵・挿絵

石飛　直子（安来市立布部小学校）

◆編集協力者

青木　允之（巻頭写真／島根自然保護協会）
中野　浩史（宍道湖・中海／島根県立宍道湖自然館・公益財団法人ホシザキグリーン財団）
原口　展子（宍道湖・中海）
森　　茂晃（出雲平野／公益財団法人ホシザキグリーン財団）
岩田　貴之（鬼の舌震／SAN-INやすぎオオサンショウウオの会）
中村　唯史（大江高山と石見銀山／島根県立三瓶自然館・公益財団法人しまね自然と環境財団）
桑田　龍三（畳ケ浦／島根県地学会）
渡辺　勝美（高津川／島根県地学会）
河野　洋司（高津川／タカラバ）

※敬称略・掲載順に記載
※所属は令和版の発行時

令和版　島根の自然は生きている

2024（令和6）年9月30日　初版発行

編　著　者　島根県小中学校理科教育研究会

発行・制作　山陰中央新報社
〒690-8668　島根県松江市殿町383
電話　0852-32-3420（出版部）

デ ザ イ ン　工房エル

印　　　刷　ナガサコ印刷

ISBN 978-4-87903-264-5　C6040

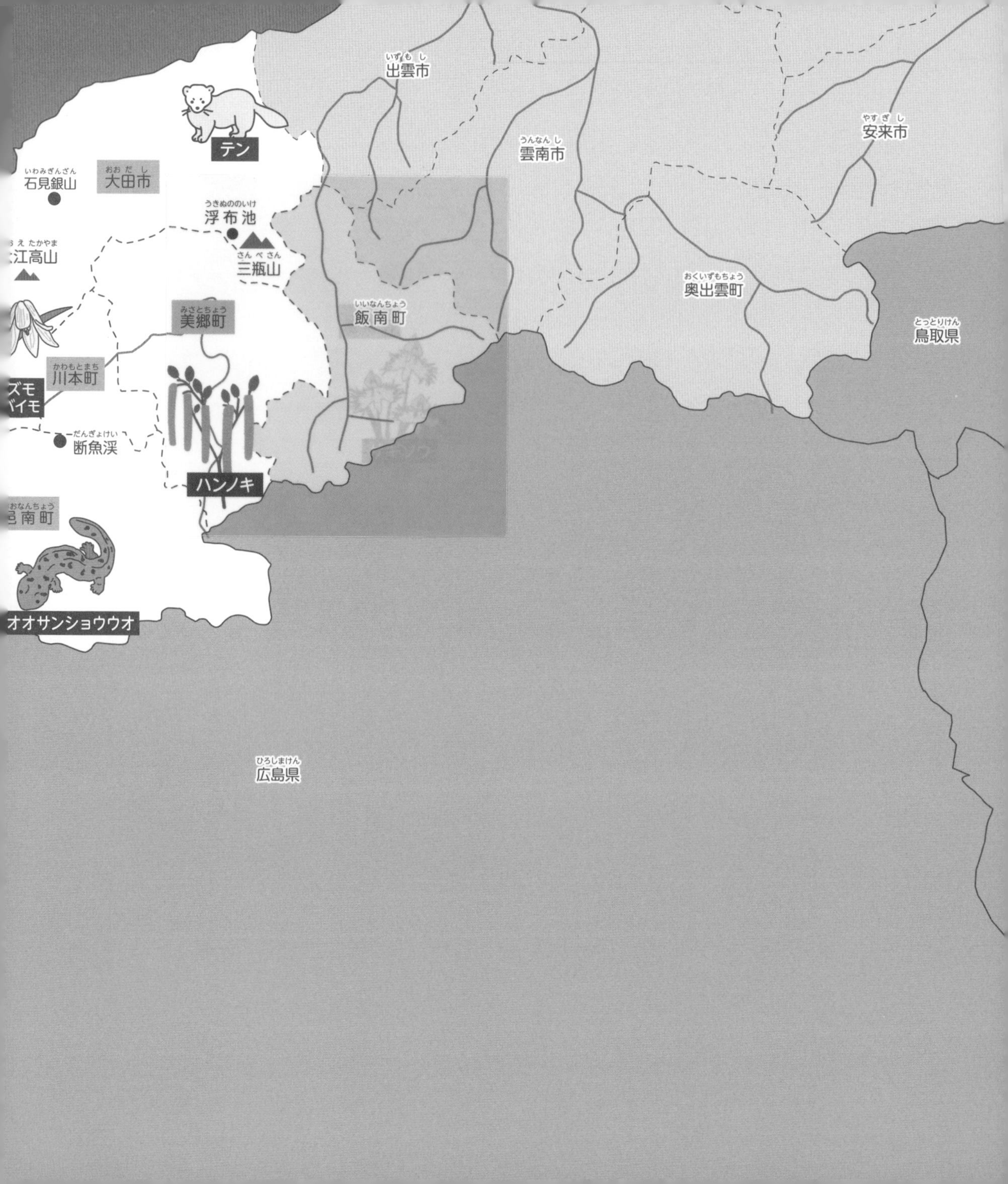
出雲市《いずもし》
安来市《やすぎし》
雲南市《うんなんし》
テン
石見銀山《いわみぎんざん》
大田市《おおだし》
浮布池《うきぬののいけ》
三瓶山《さんべさん》
美郷町《みさとちょう》
飯南町《いいなんちょう》
奥出雲町《おくいずもちょう》
鳥取県《とっとりけん》
川本町《かわもとまち》
断魚渓《だんぎょけい》
ハンノキ
オオサンショウウオ
広島県《ひろしまけん》